I. Die Grundlagen der Statistik und die bei der Preisermittlung angewandte Methode.

Als Material für die nachstehend durchgeführte Preisuntersuchung dienten die Angaben der von der „Vereinigung der Elektrizitätswerke" regelmäßig herausgegebenen Zusammenstellungen der Tarife, während die Angaben über die Größe der Versorgungsgebiete der neuesten Statistik der Elektrizitätswerke entnommen sind, wobei die in dieser Statistik vorhandenen Lücken auf Grund der endgültigen Ergebnisse der letzten Volkszählung ausgefüllt wurden. Es wurde dadurch erreicht, von den in der Tarifstatistik der Elektrizitätswerke aufgeführten Unternehmungen 98 vH mit einer Einwohnerzahl der Versorgungsgebiete von rd. 40 Mill. zu erfassen[1]. Wenn sich auch unter Berücksichtigung der in Deutschland überhaupt vorhandenen Werke die Untersuchung nur auf einen verhältnismäßig kleinen Teil der gesamten Betriebe erstreckt, so wird durch sie doch die unmittelbare Wirkung der Tarife auf rd. zwei Drittel der Gesamtbevölkerung Deutschlands festgestellt, und das dürfte eine genügend breite Basis sein, zu einer Beurteilung der Lieferpreise zu gelangen, zumal da alle Werke berücksichtigt sind, denen irgendwelche Bedeutung zukommt. Von einer Gruppierung der Werke nach politischen Grenzen ist abgesehen, weil die Elektrizitätsversorgung in der Hauptsache interkommunal ist und weil eine solche Gruppierung die Vergleichbarkeit der einzelnen Unternehmungsformen weit mehr erschwert als erhöht. Lediglich die Werktarife der preußischen Gemeinden mit mehr als 10000 Einwohnern haben eine besondere Untersuchung erfahren, und zwar mit Rücksicht auf eine am Schlusse dieses Heftes ausführlich besprochene Arbeit

---

[1] Vgl. die als Anhang beigefügte Aufstellung der zur Untersuchung herangezogenen Werke.

des Preußischen Statistischen Landesamts. Eine Vergleichsmöglichkeit der einzelnen Unternehmungsformen wurde dadurch geschaffen, daß die Werke in Größenklassen entsprechend der Anzahl der unmittelbar versorgten Einwohner der einzelnen Absatzgebiete eingeordnet wurden. Neben dieser Klassifizierung der Werke nach Größenklassen ist eine weitere Gruppierung nach einzelnen Preisstufen zum Zwecke der Feststellung vorgenommen, wieviel Werke bzw. ein wie großer Teil der gesamten Einwohner bei den beiden zur Untersuchung stehenden Unternehmungskategorien die höchsten und niedrigsten Preise besitzen, welche Preise unter den heutigen Verhältnissen als normale Durchschnittspreise zu gelten haben, und welcher Prozentsatz der Gesamtbevölkerung Deutschlands unter der Wirkung dieser Preise steht. Dem Hauptzweck der Arbeit entsprechend, nämlich festzustellen, ob und gegebenenfalls, in welchem Umfange sich die Tarifgestaltung der öffentlichen Hand von der der privaten Wirtschaft unterscheidet, ist eine grundsätzliche Einteilung in kommunale und private Unternehmungen vorgenommen, wobei unter dem Rubrum „kommunal" sämtliche der öffentlichen Hand gehörigen Werke, also auch die kommunal-vergesellschafteten Unternehmungen berücksichtigt sind, deren Aktien oder Anteile sich ausschließlich im Besitz der öffentlichen Körperschaften befinden, während unter „privat" die gemischt-wirtschaftlichen Betriebe auch dann enthalten sind, wenn sich der überwiegende Teil des Gesellschaftskapitals im Besitz der öffentlichen Hand befindet.

Was die bei der Aufstellung der Tabellen angewandte Methode angeht, so kann bemerkt werden, daß es in keinem Falle für ausreichend gehalten wurde, lediglich das arithmetische Mittel aus den bei den einzelnen Werken gültigen Preisen und der Anzahl dieser Werke festzustellen, da es in erster Linie darauf ankam, die beiden Unternehmungsformen als zwei geschlossene Wirtschaftskomplexe zu erfassen und die unmittelbare Wirkung der Tarife auf die Abnehmer und damit die Bedeutung der Tariffrage in wirtschaftlicher und volkswirtschaftlicher, in kultureller und sozialer Hinsicht zu ermitteln.

Die vollkommenste Methode für diese Feststellung wäre zweifellos die, daß bei jedem einzelnen Werk der Gesamtverkaufspreis, der nach dem Kleinabnehmertarif abgegebenen Licht- und Kraft-

Die Lieferpreise für elektrische Arbeit bei kommunalen und privaten bzw. gemischt-wirtschaftlichen Unternehmungen

Ein Beitrag zur Frage der Betätigung der öffentlichen Hand auf wirtschaftlichem Gebiet

von

Dipl.-Ing. **Hans Ludewig**
Berlin

Mit 9 Tabellen auf 2 Tafeln

Springer-Verlag Berlin Heidelberg GmbH

1928

Alle Rechte vorbehalten.

Additional material to this book can be downloaded from http://extras.springer.com

ISBN 978-3-662-31416-6   ISBN 978-3-662-31623-8 (eBook)
DOI 10.1007/978-3-662-31623-8

strommenge gesondert festgestellt und in Beziehung zu der Anzahl der Einwohner der einzelnen Versorgungsgebiete gesetzt würde. Da aber die Statistik der Elektrizitätswerke eine Trennung der abgegebenen Gesamtstrommenge für Licht- und Kraftzwecke nicht vornimmt, so wurde die der erwähnten Methode außerordentlich nahekommende und in ihrem Ergebnis gleichwertige in Anwendung gebracht, die darin besteht, daß innerhalb einer jeden Größenklasse für jedes einzelne Werk die für die Energieeinheit von der gesamten Bevölkerung des Versorgungsgebietes zu zahlende Gesamtsumme festgestellt wird, und daß das so ermittelte Gesamtergebnis durch die gesamte Einwohnerzahl aller zu einer Größenklasse gehörigen Versorgungsgebiete dividiert wird. Auf diese Weise ergibt sich diejenige Zahl, die für das Gesamtversorgungsgebiet der einzelnen Größenklassen wirksam ist. Diese Erklärung wird vielleicht durch die Vorstellung vereinfacht, daß es sich bei sämtlichen Werken einer Größenklasse um ein einziges handeln könnte, in dessen Versorgungsgebiet die Preise aus irgendwelchen Gründen differenziert sind. Solche Fälle sind in der Tarifstatistik feststellbar, beispielsweise bei Unternehmungen, die neben der Versorgung der rein städtischen Bevölkerung ihre nähere ländliche Umgebung mit Strom beliefern und die hierfür, entsprechend der ihnen entstehenden höheren Aufwendungen, einen höheren Preis fordern als in der Stadt. Zur Erläuterung mag folgendes, der dritten Größenklasse entnommene Beispiel dienen:

Werk	Einwohnerzahl des Versorgungsgebietes	Strompreis für Licht
A . . .	132000	50
B . . .	118000	48
C . . .	194000	36
D . . .	186000	35
	630000	

Die unmittelbare Wirkung der verschiedenen Lichtstrompreise auf die von den 4 Werken versorgte Bevölkerung von insgesamt 630000 Köpfen ergibt sich sonach durch die Rechnung

$$(132000 \times 50) + (118000 \times 48) + (194000 \times 36)$$
$$+ (186000 \times 35) : 630000 = 40{,}8.$$

Die Zahl 40,8 stellt also denjenigen Preis dar, der für die gesamte Bevölkerung der oben nur mit vier Werken angenommenen

Größenklasse von 100000—200000 Einwohnern im Mittel wirksam ist. Wenn das hier angewandte Rechnungsverfahren auch ein außerordentlich umständliches und langwieriges ist, so ist es neben der zuerst genannten Methode doch das einzige, das die tatsächliche unmittelbare Wirkung der heute gültigen Tarife auf die von den verschiedenen Unternehmungsformen mit elektrischer Arbeit versorgte Bevölkerung erkennen läßt und das damit ein Urteil darüber zu fällen gestattet, in welchem Maße die öffentliche Hand auf der einen, die Privatwirtschaft auf der anderen Seite die ihr mit der Elektrizitätsversorgung zugewiesenen wirtschaftlichen, volkswirtschaftlichen, sozialen und kulturellen Aufgaben erfüllt.

Die tabellenmäßig niedergelegte Untersuchung erstreckt sich lediglich auf die einfachen Zählertarife, die, wie später zahlenmäßig nachgewiesen wird, bei der überwiegenden Mehrzahl sämtlicher Unternehmungen in Kraft sind. Aus diesem Grunde wurde auch von einer Untersuchung der Grundgebührentarife Abstand genommen, zumal da die Durchschnittspreise, namentlich für Lichtstrom, von einer Reihe von Fall zu Fall verschiedener Faktoren, beispielsweise der Benutzungsdauer, abhängig sind, die einen direkten Vergleich der einzelnen Werktarife außerordentlich erschweren. Um das Tarifbild jedoch möglichst vollständig zu gestalten, konnten neben der Feststellung der Grundpreise auch die auf diese Preise im Rabattwege oder auf Grund von Staffeltarifen gewährten Ermäßigungen nicht unberücksichtigt bleiben, die in ihrer letzten Stufe ebenfalls nach der soeben behandelten Methode berechnet wurden. Es war schließlich auch angebracht, eine Übersicht über die in den letzten Jahren eingetretenen Tariferhöhungen bzw. Ermäßigungen zu geben und zwar umsomehr, da eine solche Feststellung für die Beurteilung der Preispolitik der beiden in Frage stehenden Unternehmungsformen besonders geeignet ist.

II. Die Lieferpreise für elektrische Arbeit nach dem Zählertarif.

In Tabelle 1 ist eine Übersicht über die Anwendung der in Deutschland heute in der Hauptsache gebräuchlichen Tarifsysteme, also des einfachen Zähler- bzw. Zähler-Staffeltarifs und des

Grundgebührentarifs vorausgeschickt, die zeigt, daß bei 92 vH sämtlicher behandelten Werke der einfache Zählertarif in Kraft ist, und daß unter seiner Wirkung auf der kommunalen Seite 78 vH, auf der privaten Seite rd. 88 vH der Gesamtbevölkerung der beiderseitigen Versorgungsgebiete stehen. Als weiteres Ergebnis der Tabelle 1 kann festgestellt werden, daß von den im Besitze des Zählertarifs befindlichen Werken von 13 vH der kommunalen und von 17 vH der privaten Betriebe der Grundgebührentarif zur wahlweisen Benutzung geboten wird. Die Unterschiede zwischen beiden Unternehmungsformen in Bezug auf die Tarifgestaltung sind also nicht so erhebliche, daß aus ihnen ein grundsätzlicher Rückschluß auf die Überlegenheit der einen Unternehmung gegenüber der anderen gezogen werden könnte, es sei denn der, daß die Privatwirtschaft im Vergleich zur öffentlichen Hand in ihrer Tarifpolitik aus dem Grunde etwas beweglicher erscheint, weil prozentual eine größere Anzahl ihrer Werke dem Konsumenten Gelegenheit gibt, den Strom wahlweise nach dem ihm am günstigsten scheinenden Tarif zu beziehen. Es darf jedoch dabei nicht übersehen werden, daß die Kleinabnehmertarife, um die es sich hier ausschließlich handelt, eine individuelle Behandlung der Abnehmerschaft überhaupt nicht oder doch nur in einem sehr beschränkten Maße gestatten, und daß infolgedessen diese Tarife für die Beurteilung der Frage, welche Unternehmungsform den Bedürfnissen der einzelnen Abnehmerkategorien am besten Rechnung trägt, nur eine bedingte Bedeutung besitzen. Eine Beantwortung dieser Frage könnte vielmehr nur auf Grund einer Untersuchung der Großabnehmertarife erfolgen, die aber undurchführbar ist, da die Tarifgestaltung von einer ganzen Anzahl örtlich verschiedener und daher unvergleichbarer Faktoren beeinflußt wird. Man muß sich daher mit dem Versuch einer indirekten Untersuchung begnügen, die etwa in der Weise angestellt werden kann, daß als Kriterium für die Beweglichkeit in der Tarifpolitik und für das Anpassungsvermögen der einzelnen Unternehmungsformen an die Bedürfnisse ihrer Abnehmer das Verhältnis der an die Großabnehmer gelieferten Strommenge zu der gesamten Stromabgabe benutzt wird. Daß dieser Maßstab zwar kein für alle Fälle zutreffender, immerhin jedoch — für die Feststellung der durchschnittlichen Verhältnisse benutzt — ein durchaus brauchbarer ist, scheint aus den Äußerungen anerkannter Fachleute hervorzugehen, von denen hier die des Generaldirektors Ahlen, des Leiters der städtischen Werke in Köln, wiedergegeben sei, der die Aufgaben der Elektrowirtschaft wie folgt umschreibt[1]:

„Grundbedingung für die Existenzberechtigung zentraler"
„Versorgungsanlagen ist Konkurrenzfähigkeit gegenüber den"
„sogenannten Eigenanlagen. Sie sollen die letzteren, auch"
„die größeren und größten, ersetzen, dadurch die Investierung"
„von Kapitalien auf ein Minimum beschränken und darüber"
„hinaus durch möglichst vorteilhafte Belieferung Gewerbe"
„und Industrie in ihrem Existenzkampf unterstützen. Elek-"
„trizitätswerke, die nicht in der Lage sind, die mittleren und"
„größeren gewerblichen Betriebe als Konsumenten zu ge-"
„winnen, sind auch nicht imstande, ihre Aufgaben auf so-"
„zialem und finanziellem Gebiet zu erfüllen... Zur Heran-"
„ziehung der Großverbraucher aber gehört in erster Linie"
„Beweglichkeit und Anpassungsfähigkeit der Preise und Liefe-"
„rungsbedingungen."

Benutzt man diese Definition der Aufgaben der Elektrowirtschaft als Maßstab für die Beurteilung der „Beweglichkeit und Anpassungsfähigkeit der Preise und Lieferungsbedingungen" an die Bedürfnisse der Konsumenten, so müßte erwartet werden, daß die Stromlieferung an die industriellen Großabnehmer im Verhältnis zu der gesamten Stromabgabe bei den Werken der öffentlichen Hand eine ungleich größere wäre, als bei den privaten Unternehmungen, da sie sich in weit höherem Maße als diese in den Groß- und Mittelstädten, also an dem hauptsächlichsten Sitz der Industrie, betätigen. Daß diese hinsichtlich der Art der Versorgungsgebiete gemachte Annahme zutrifft, beweist die Statistik der Elektrizitätswerke, deren Angaben zur Aufstellung der Tabelle 2 benutzt wurden. Das Ergebnis dieser Tabelle ist das, daß die öffentliche Hand von den 45 vorhandenen Großstädten über 100 000 Einwohner 37 = 82,2 vH mit ebenfalls 82 vH der großstädtischen Bevölkerung überhaupt mit Strom versorgt, und daß sie ferner der Stromlieferant für 74 vH der vorhandenen Mittelstädte mit 20 000—100 000 Einwohnern ist. An der Anzahl der Einwohner des Versorgungsgebietes gemessen, besitzt also

---

[1] Vgl. Mitzlaff-Stein: Die Zukunftsaufgaben der Deutschen Städte. Berlin: Deutscher Kommunalverlag 1925.

Die Lieferpreise für elektrische Arbeit nach dem Zählertarif.

das Gebiet der öffentlichen Hand zu rd. 70 vH einen rein städtischen Charakter, während sich gerade umgekehrt die Abnehmerschaft der privaten Unternehmungen zu rd. 75 vH aus den Bewohnern der Kleinstädte und der ländlichen Gemeinden zusammensetzt. Die Möglichkeit des Stromverkaufs an industrielle Großabnehmer ist demnach für die Privatwirtschaft eine weit beschränktere, als für die öffentliche Hand, und es wäre daher durchaus erklärlich, wenn bei ihren Werken das Verhältnis dieser Stromlieferung zu der gesamten Stromabgabe ein wesentlich höheres wäre, als bei den privaten Betrieben. Das aber ist überraschenderweise nicht der Fall, denn aus der wiederholt erwähnten Statistik kann entnommen werden, daß die in dieser Übersicht behandelten 562 kommunalen Elektrizitätswerke nur 69 vH ihrer gesamten Stromabgabe an industrielle Großabnehmer liefern, während das auf der privaten bzw. gemischt-wirtschaftlichen Seite mit rd. 80 vH der Fall ist. Aus dem Ergebnis dieser indirekten Untersuchung kann demnach wohl kaum eine andere Folgerung gezogen werden als die, daß sich die Preise und Lieferungsbedingungen der letztgenannten Unternehmungsformen weit mehr den Bedürfnissen und Wünschen der für das wirtschaftliche Ergebnis so außerordentlich wichtigen Abnehmerkategorie der industriellen Großverbraucher anpassen als diejenigen der öffentlichen Hand. Diese Folgerung dürfte um so berechtigter sein, als in den soeben festgestellten Zahlen auf der privaten Seite der bei weitem größte Stromlieferant der Industrie, nämlich das Rheinisch-Westfälische Elektrizitätswerk, unberücksichtigt geblieben ist, von dessen direkter Stromabgabe sogar etwa 90 vH auf den industriellen Bedarf entfallen.

Ein Bild über die Tarifgestaltung für Kleinabnehmer bei den einzelnen Unternehmungsformen geben die Tabellen 3—5 für Preußen und 6—8 für das gesamte Reich. Betrachtet man zuerst das zusammenfassende Endergebnis der Tabelle 5, so ist festzustellen, daß in Preußen die Werke der öffentlichen Hand von den nach dem einfachen Zählertarif belieferten Abnehmern durchschnittlich einen Preis erheben, der für Lichtstrom um 3,8 Pf. = rd. 9,5 vH, für Kraftstrom um 4,6 Pf. = 21,7 vH höher ist, als er von den privaten bzw. gemischt-wirtschaftlichen Unternehmungen gefordert wird. Diese, insbesondere bei dem wichtigen Kraftstrom, ganz erhebliche Benachteiligung des von kommunaler

Seite belieferten Abnehmers ist aber nicht nur als Endergebnis festzustellen, sie tritt vielmehr in allen Größenklassen, besonders in der ersten in Erscheinung, in der 3,5 Mill. komunal-versorgte Einwohner den Lichtstrom um 4,5 Pf. = rd. 13 vH, den Kraftstrom um 9,1 Pf. = rd. 51 vH höher bezahlen müssen als die 3,8 Mill. Einwohner, die den Strom von privaten bzw. gemischtwirtschaftlichen Unternehmungen beziehen.

Die in der Tabelle 5 festgestellten Ergebnisse stellen den Niederschlag aus den Tabellen 3 und 4 dar, in denen für Licht- und Kraftstrom gesondert noch eine Unterteilung in einzelne Preisstufen vorgenommen ist. Als Ergebnis dieser Tabellen ist ganz allgemein festzustellen, daß sowohl bei dem Licht- als auch bei dem Kraftstrom kommunale Betriebe nicht nur der Anzahl der Werke nach den höchsten Tarif besitzen, sondern daß auch prozentual zu der beiderseitig versorgten Gesamteinwohnerzahl die von der öffentlichen Hand versorgte Bevölkerung in weit stärkerem Maße unter der Wirkung der hohen Tarife steht, als das für die privatversorgte Einwohnerschaft zutrifft. Wenn hinsichtlich des Lichtstromes diese Feststellung von nicht allzu großer Bedeutung sein dürfte, so verdient sie doch besonders hervorgehoben zu werden, soweit sie sich auf den Kraftstrom bezieht. Denn während 76,7 vH der gesamten, von der öffentlichen Hand belieferten Einwohner einen durchschnittlichen Kraftstrompreis von 24,0 Pf. und rd. 17 vH einen noch höheren Preis zu zahlen haben, werden auf der privaten Seite nur 50 vH der Gesamtbevölkerung zu dem annähernd gleichen Preise von 23,7 Pf. beliefert, und bei nur 8 vH der privatversorgten Bevölkerung wird dieser Preis überschritten. Umgekehrt liefert die Privatwirtschaft an 41 vH der von ihr überhaupt versorgten Einwohnerschaft den Kraftstrom zu dem niedrigsten Durchschnittspreis von 16,1 Pf., während nur 6,1 vH der kommunalen Abnehmerschaft im Genuß des für die kommunale Seite geltenden niedrigsten Preises von 18,8 Pf. sind, der damit an sich schon um rd. 16 vH höher ist, als der Mindestpreis der privaten Unternehmungen.

Während die Tabellen 3—5 lediglich die Werktarife der preußischen Gemeinden über 10000 Einwohnern behandeln, beziehen sich die weiteren Tabellen auf die hauptsächlichsten Werke des ganzen Reiches, deren Versorgungsgebiete rd. zwei Drittel der

Die Lieferpreise für elektrische Arbeit nach dem Zählertarif. 11

Gesamtbevölkerung Deutschlands umfaßt. In den Tabellen 6 und 7 sind die Preise für Licht- und Kraftstrom behandelt, und die in diesen Tabellen festgestellten Ergebnisse wurden in der weiteren Tabelle 8 unter Verzicht auf die Einteilung nach einzelnen Preisstufen zusammengefaßt. Die Wirkung der Strompreise auf die Gesamtbevölkerung Deutschlands ergibt sich insbesondere aus der letztgenannten Zusammenstellung 8, die zeigt, daß der Lichtstrompreis in den von der Privatwirtschaft versorgten Gebieten zwar nur um den geringfügigen Betrag von 0,2 Pf. niedriger ist als in den Versorgungsgebieten der öffentlichen Hand, daß jedoch die privatbelieferten Abnehmer den im Vergleich zu dem Lichtstrom viel wichtigeren Kraftstrom durchschnittlich um 2,1 Pf. billiger beziehen, als es den Einwohnern der kommunalen Versorgungsgebiete möglich ist. Die als Endergebnis der Spalten 4, 7, 10 und 13 festgestellten Zahlen stellen also die bei den kommunalen bzw. privaten und gemischt-wirtschaftlichen Unternehmungen wirksamen Durchschnittspreise dar, woraus sich unter Vernachlässigung der Differenzierung zwischen kommunalen und privaten Werken ein Generaldurchschnittspreis für Licht von 44,3 und für Kraft von 25,5 Pf. ergibt, der als Normalpreis bezeichnet werden kann. Es dürfte nun vor allem von Interesse sein, festzustellen, ein wie großer Teil der Bevölkerung der beiderseitigen Versorgungsgebiete unter der Wirkung dieser Normalpreise steht, und in welchem Umfange der verbleibende Teil von höheren bzw. niedrigeren Preisen betroffen wird. Diese Feststellung kann mit Hilfe der spezifizierten Tabellen 6 und 7 getroffen werden; sie führt zu folgendem Ergebnis:

a) Für Lichtstrom.

Es stehen unter der Wirkung

1. des Normalpreises mit Abweichungen von nicht mehr als ± 5 vH
   kommunal 9071935 = 40,3 vH der Gesamteinwohner
   privat   3946493 = 22,3 vH   „   „

2. eines um 5—20 vH höheren Preises
   kommunal 5789874 = 25,8 vH der Gesamteinwohner
   privat   5828864 = 33,0 vH   „   „

3. eines um über 20 vH höheren Preises
   kommunal 2013884 = 8,9 vH der Gesamteinwohner
   privat   2175530 = 12,3 vH   „   „

Die Lieferpreise für elektrische Arbeit nach dem Zählertarif.

4. eines um 5—20 vH niedrigeren Preises
kommunal 5336383 = 23,8 vH der Gesamteinwohner
privat   2460580 = 13,9 vH „   „
5. eines um mehr als 20 vH niedrigeren Preises
kommunal 200637 = 1,0 vH der Gesamteinwohner
privat   3242681 = 18,4 vH „   „

b) Für Kraftstrom.

Es stehen unter der Wirkung
1. des Normalpreises mit Abweichungen von nicht mehr als ± 5 vH
kommunal 9017514 = 41,6 vH der Gesamteinwohner
privat   8283425 = 48,3 vH „   „
2. eines um 5—20 vH höheren Preises
kommunal — — = — vH der Gesamteinwohner
privat   — — = — vH „   „
3. eines um 20—30 vH höheren Preises
kommunal 837855 = 3,9 vH der Gesamteinwohner
priavt   — — = — vH „   „
4. eines um 30—50 vH höheren Preises
kommunal 1690314 = 7,1 vH der Gesamteinwohner
privat   2739954 = 16,0 vH „   „
5. eines um über 50 vH höheren Preises
kommunal 1812849 = 8,0 vH der Gesamteinwohner
privat   — — = — vH „   „
6 eines um 5—20 vH niedrigeren Preises
kommunal 5221977 = 24,9 vH der Gesamteinwohner
privat   404080 = 2,3 vH „   „
7. eines um mehr als 30 vH niedrigeren Preises
kommunal 3097711 = 14,2 vH der Gesamteinwohner
privat   5701516 = 33,3 vH „   „

Das Ergebnis der vorstehenden Zusammenstellung ist insofern beachtenswert, als es zeigt, daß bei dem Lichtstrom 75 vH der von der öffentlichen Hand versorgten Bevölkerung den festgestellten Normalpreis von 44,3 Pf. je Kilowattstunde und darüber besitzen, und daß nur 25 vH zu Preisen beliefert werden, die unter diesem Normalsatz liegen, während sich das Verhältnis für die von der Privatwirtschaft versorgten Einwohner günstiger stellt, nämlich wie 67,6 zu 32,4 vH. Noch günstiger schneiden die Privatunternehmungen bei einem Vergleich der Kraftstrompreise ab, zumal wenn berücksichtigt wird, daß für die zu einem niedrigeren als dem Normalpreis von 25,5 Pfg. je Kilowattstunde belieferten 35 vH der Bevölkerung nur ein durchschnittlicher Preis

Die Lieferpreise für elektrische Arbeit nach dem Zählertarif. 13

von 17,3 Pf. wirksam ist, während die von den Werken der öffentlichen Hand unter dem genannten Normalsatz versorgten 29 vH der gesamten Bevölkerung einen um 18 vH höheren Preis, nämlich 20,4 Pf. zu zahlen haben. Schließlich verdient noch hervorgehoben zu werden, daß sowohl bei dem Licht- als auch bei dem Kraftstrom die Einwohner der privaten Versorgungsgebiete in weit größerem Umfange zu den niedrigsten Preisen beliefert werden als diejenigen, die aus den Werken der öffentlichen Hand den Strom entnehmen, denn während auf der kommunalen Seite nur 1 vH der Bevölkerung den billigsten Lichtstrom- und 14,2 vH den niedrigsten Kraftstrompreis genießen, ist das auf der privaten Seite mit 18,4 bzw. 33,3 vH der Fall.

Als weiteres Ergebnis der Tabellen 6 und 7 ist festzustellen, daß auf den Lichtstrompreis 66 kommunale = 24 vH und 39 private Unternehmungen = ebenfalls 24 vH sämtlicher behandelten Werke auf die Grundpreise Rabatte gewähren bzw. den Staffeltarif eingeführt haben. Dadurch ist auf der kommunalen Seite rd. 6,4 Mill. Einwohnern = 27 vH, auf der privaten Seite ebenfalls 27 vH der Gesamtbevölkerung der Versorgungsgebiete, nämlich rd. 4,8 Mill. Einwohnern, Gelegenheit geboten, einen den Grundpreis unterschreitenden Preis zu erreichen. Wenn somit hinsichtlich der Zahl der rabattgewährenden Werke und auch hinsichtlich der von den Preisvergünstigungen betroffenen Einwohner im Verhältnis zur Gesamtstärke der Versorgungsgebiete bei beiden Unternehmungsformen völlige Gleichheit herrscht, so zeigen auch die Endzahlen in den Spalten 18 und 19 der Tabelle 8, daß sich beide Unternehmungsformen auch hinsichtlich des Umfanges der gewährten Preisermäßigungen nur unwesentlich unterscheiden, da der durchschnittlich niedrigste Staffelpreis bei den Werken der öffentlichen Hand mit 30,1 Pf. nur um 0,7 Pf. = 2,4 vH höher liegt als bei den privaten Unternehmungen mit der durchschnittlich niedrigsten Staffel von 29,4 Pf. Ganz wesentlich zugunsten der Privatwirtschaft ändert sich jedoch das Bild, wenn die beiderseitig bei der Kraftstromentnahme bestehenden Preisvergünstigungen verglichen werden. 40,8 vH der kommunalen Werke, die Preisnachlässe gewähren, stehen 55 vH der privaten Werke gegenüber, in deren Versorgungsgebiet 45 vH der gesamten Bevölkerung unter der Wirkung des Staffeltarifes stehen, während das bei den kommunalbelieferten Gebieten nur für

35 vH der Gesamteinwohner zutrifft. Auch in dem Umfange der Preisvergünstigungen stehen die kommunalen Werke bei einer durchschnittlich niedrigsten Staffel von 17,5 Pf. hinter den Betrieben der Privatwirtschaft mit dem durchschnittlich niedrigsten Staffelpreis von 16,2 Pf. um rd. 8 vH zurück. Es muß bei dieser Betrachtung jedoch darauf hingewiesen werden, daß der Feststellung der niedrigsten Staffelpreise bzw. der höchsten Rabatte eine weit geringere Bedeutung zukommt als der der Grundpreise, da die Staffeln bei den verschiedenen Werken ganz verschieden gewählt sind, so daß sich die Wirkung der Staffeln ganz verschieden äußert.

Für die Beurteilung der Tarifpolitik der beiden Unternehmungsformen dürfte es schließlich von einiger Bedeutung sein, zu untersuchen, in welchen Bahnen sich das Tarifwesen in den letzten Jahren entwickelt hat, also in welchem Umfange seit Beseitigung der Inflationstarife Preisänderungen vorgenommen wurden. Bei einer solchen Untersuchung kann unterstellt werden, daß die Werke der öffentlichen Hand die Inflationszeit weit besser zu überstehen vermochten als die privaten Unternehmungen, da sie ja eo ipso im Besitz der Tarifhoheit waren und kraft dieses Hoheitsrechtes ihre Werktarife der jeweiligen Geldentwertung anpassen und sich durch die Forderung von Vorauszahlungen und ähnliche Maßnahmen schützen konnten, während die Privatwirtschaft in den meisten Fällen auf Grund der Verordnung vom 1. Februar 1919 über die Erhöhung der Lieferpreise bei Elektrizität, Gas und Wasser erst einen umständlichen und langwierigen Nachweis über die tatsächlich eingetretene Steigerung der Selbstkosten anzutreten hatte, der häufig nur zu dem Erfolge führte, daß ihr eine Tariferhöhung lediglich im Ausmaß der Steigerung der direkten, nicht aber auch der indirekten Kosten zugebilligt wurde.

Nach dem Ergebnis der Tabelle 9 haben seit dem Januar 1925 die kommunalen Werke für nur 29,3 vH der von ihnen versorgten Einwohner den Lichtstrompreis und für 32,6 vH der Einwohner den Kraftstrompreis, und zwar in einem Ausmaße von durchschnittlich 5,5 Pf. für Licht und 5,9 Pf. für Kraft ermäßigt. Auf der privaten Seite dagegen kam einem weit größeren Prozentsatz der versorgten Bevölkerung der Preisabbau zugute, nämlich 44,7 vH bei dem Licht- und 47,7 vH bei dem Kraftstrom, und zwar in einem Ausmaße, das mit durchschnittlich 7,1 Pf. bei dem Lichtpreis und 7,3 Pf. bei dem Kraftstrompreis eine um 30 bzw. 24 vH stärkere Ermäßigung bedeutet, als sie von den Werken der öffentlichen Hand vorgenommen wurde. Andrerseits haben die privaten Werke bei den Preiserhöhungen, wenigstens soweit es sich um deren Ausmaß handelt, eine weit größere Zurückhaltung als die Kommunalwerke insofern beobachtet, als sie sich bei dem Lichtstrom mit einem Aufschlag von durchschnittlich 4,5 Pf., bei dem Kraftstrom mit einem solchen von 1,7 Pf. begnügten, während die Werke der öffentlichen Hand eine weit schärfere Anspannung der Tarife für notwendig hielten. Ohne diese Zahlen hier kritisch betrachten zu wollen, sei doch auf ihre Bedeutung hingewiesen, die sie für die Beurteilung der Finanzwirtschaft der Regiebetriebe auf der einen und der privaten bzw. gemischt-wirtschaftlichen Unternehmungen auf der anderen Seite besitzen.

III. Die Tarife als Maßstab für die wirtschaftliche, volkswirtschaftliche und soziale Leistung der einzelnen Unternehmungsformen.

Einer der Hauptgründe, der für die Berechtigung, ja für die unabweisbare Notwendigkeit der Betätigung der öffentlichen Hand auf elektrowirtschaftlichem Gebiet geltend gemacht wird, ist der, daß es sich bei der Elektrizität um einen Bedarfsartikel handle, der für unser gesamtes wirtschaftliches und kulturelles Leben von so außerordentlicher Bedeutung sei, daß er unter allen Umständen dem privaten Wirtschaftsmarkt entzogen und in die Bewirtschaftung der öffentlichen Hand gelegt werden müsse. Diese Notwendigkeit wird ganz allgemein mit dem Hinweis darauf begründet, daß mit dem privatkapitalistischen Interesse die Gefahr einer Überspannung des Gewinnes umsomehr verbunden sei, da es sich bei der erwähnten Energieart um ein Verkaufsobjekt monopolartigen Charakters handle. Es wird bei dieser Begründung also als feststehend vorausgesetzt, daß die Werke der öffentlichen Hand den elektrischen Strom billiger liefern, als die privaten Unternehmungen, und zwar wurde bisher unter Verzicht auf einen zahlenmäßigen Nachweis diese Annahme rein gefühlsmäßig aus der weiteren Voraussetzung hergeleitet, daß der Rücksichtnahme auf gemeinnützige Interessen bei den kommunalen Werken das selbstverständliche Gewinnbestreben der Privatwirtschaft gegenübersteht, das allein schon eine Verteuerung der elektrischen Arbeit zur Folge haben müsse. Diese Auffassung wird besonders häufig von den politisch interessierten Anhängern der Sozialisierungs- und Kommunalisierungsthese vertreten, und sie kommt daher insbesondere in sozialistischen Pressestimmen zum Ausdruck, wie etwa in der „Gemeinde", dem Organ der kommunalpolitischen Zentralstelle der SPD., in dem die wirtschaftlichen Aufgaben der Versorgungsbetriebe der öffentlichen Hand wie folgt umschrieben werden[1]:

„Der wirtschaftliche Zweck des öffentlichen Betriebes, be-"
„sonders aber der Zweck des gemeinnötigen Kommunal-"
„betriebes, liegt auf ganz anderen Gebieten, als der Wirt-"
„schaftszweck privater Unternehmungen. Während das Stre-"
„ben der Privatwirtschaft unbedingt und immer auf den"
„höchsten Ertrag ausgehen mußte und heute noch muß,"
„war die wirtschaftliche Tendenz des gemeinnötigen Kom-"
„munalbetriebes von Anfang an auf die Erzielung der"
„niedrigsten Preise gerichtet. Das hatte seine guten"
„Gründe zunächst in den sozialen Notwendigkeiten, die sich"
„mit der Überbevölkerung der Städte häuften. Aber mit"
„der langsamen Vergrößerung der kommunalen Wirtschaft"
„ist ihr, nicht auf den höchsten Ertrag, sondern auf den"
„niedrigsten Preis gemeinnötiger Produktion gerichtetes"
„Streben, der gesamten Wirtschaft, auch der privaten In-"
„dustrie, überall dort zugute gekommen, wo sie aus dem"
„niedrigsten Preis der Produktion kommunaler Betriebe"
„Nutzen ziehen konnte, wie z. B. in der Elektrizitätsver-"
„sorgung. Daraus, daß die wirtschaftliche Tendenz des"
„Kommunalbetriebes von der des Privatbetriebes grundsätz-"
„lich verschieden ist, erklärt sich auch, daß die Formel von"
„der kaufmännischen Erfolgsrechnung auf den öffentlichen"
„Betrieb nur beschränkt anwendbar ist. Soweit unter Erfolg"
„der höchstmögliche Ertrag verstanden wird, wäre ihre An-"
„wendung sogar wirtschaftsschädigend. Der Zweck des kom-"
„munalen Betriebes ist der Gesamtwirtschaft zu dienen, und"
„das Interesse der Gesamtwirtschaft liegt im niedrigsten"
„Preise gemeinnötiger Produktion."

---

[1] Breitscheid, G.: Produktiver Kommunalkredit. Die Gemeinde 1926, S. 102 ff.

Es wird also auch von dieser Seite zugegeben, „daß diejenige Verwaltung den Vorzug verdient, welche in der Lage ist, die für den täglichen Bedarf der Allgemeinheit so notwendigen Produkte zum niedrigsten Preis an die Konsumenten abzugeben"[1], und daß es die Aufgabe des kommunalisierten Betriebes sei, „der Bevölkerung wirtschaftliche und soziale Vorteile zu bringen"[2]. Diese wirtschaftlichen und sozialen Vorteile aber kommen ebenfalls in erster Linie in der Preisgestaltung der elektrischen Arbeit zum Ausdruck, und benutzt man die Höhe der Werktarife als Maßstab für die Beurteilung der beiderseitigen Unternehmungsformen, so zeigt die vorstehende Untersuchung die Unrichtigkeit der Annahme, daß sich die Abnehmerschaft der kommunalen Betriebe besonderer wirtschaftlicher Vorteile oder einer auffallend großen sozialen Fürsorge zu erfreuen haben; sie zeigt ferner, daß sich auf dem Gebiete der Elektrowirtschaft die Gewinntendenzen der privaten und gemischt-wirtschaftlichen Unternehmungen in so engen Grenzen halten, daß sie gegenüber der kommunalen Tarifgestaltung überhaupt nicht in Erscheinung treten, geschweige denn, daß sie sich zuungunsten der Abnehmerschaft auswirkten, und sie beantwortet demnach die Frage nach der zweckmäßigsten Betriebsform dahin, daß diese die private bzw. gemischt-wirtschaftliche Form ist.

Wichtiger aber als die unmittelbare Wirkung der Tarife auf die Abnehmerschaft ist für die Beurteilung der Preisgestaltung ihre Wirkung auf die gesamte Volkswirtschaft, wobei die Frage in den Vordergrund zu stellen ist, welche Betriebsform den größtmöglichen Ertrag in volkswirtschaftlichem Sinne, d. h. also, welche Betriebsform die größten Überschüsse bei den niedrigsten Verkaufspreisen erringt, und zwar Überschüsse, die in möglichst großem Umfange der gesamten deutschen Volkswirtschaft für die so außerordentlich notwendige Bildung von Neukapital zugute kommen. Neben dieser Frage ist die weitere, ob die Kommunen aus ihren Versorgungsbetrieben mehr oder minder große Anteile ihres Finanzbedarfs herauswirtschaften, von geringer Be-

---

[1] G. G.: Ein Beitrag zur Kommunalisierungsfrage. Die Gemeinde 1925, S. 277 ff.

[2] Lindemann, Prof. Dr., Köln: Kommunalisierung und Entkommunalisierung in Mitzlaff-Stein: Die Zukunftsaufgaben der Deutschen Städte. Berlin: Deutscher Kommunalverlag 1925.

deutung, denn für die Entscheidung des Problems Kommunalisierung oder Entkommunalisierung dürfen ebensowenig lediglich privatwirtschaftliche wie kommunalpolitische, insbesondere kommunalfinanzielle Interessen, maßgebend sein. Ausschlaggebend für die Beurteilung dieser Frage können vielmehr nur die Belange der allgemeinen deutschen Volkswirtschaft sein, deren Glieder öffentliche Hand und Privatwirtschaft in gleicher Weise sind, und für die Gesundung, Erstarkung und befriedigende Weiterentwicklung dieser Volkswirtschaft gilt heute mehr denn je der Fundamentalsatz der Kapitalneubildung. Daß eine etwaige Unmöglichkeit der Erfüllung dieser wichtigen und grundsätzlichen volkswirtschaftlichen Forderung geradezu eine Grenzlinie für die Betätigung der öffentlichen Hand auf wirtschaftlichem Gebiet bedeutet, wird auch von kommunaler Seite zugegeben, so beispielsweise von Stadtrat Dr. Rieß, Berlin, der auf der Mitgliederversammlung des Vereins für Kommunalwirtschaft in Danzig (1925) eine dieser Grenzlinien wie folgt festlegte:

„Es ist ganz zweifellos, daß wir uns heute allgemein volks-"
„wirtschaftliche Gesichtspunkte vorschweben lassen müssen,"
„und daß an die Stelle der reinen sozialpolitischen kommuna-"
„len Wirtschaftsaufgaben eine allgemeine Wirtschaftsförde-"
„rung treten muß, es sei denn, daß man dem Begriff Sozial-"
„politik eine ganz andere, viel weitere Bedeutung gibt, als"
„vor dem Kriege wissenschaftlich üblich war."

„Wir müssen heute darauf sehen, daß sich wieder Kapital"
„bildet, daß sich wieder ein Rentnerstand bildet, der das"
„Kapital der allgemeinen Wirtschaft zur Verfügung stellt."
„Darauf Bedacht zu nehmen bei allen einzelnen Maßnahmen,"
„namentlich der Tarifpolitik der Versorgungsbetriebe, scheint"
„mir die wesentliche Aufgabe der Neuorientierung in der"
„kommunalen Wirtschaftspolitik zu sein."

Die Erfüllung der von Dr. Rieß formulierten wirtschaftspolitischen Aufgabe der öffentlichen Hand ist also gleichbedeutend mit der Forderung einer möglichst weitgehenden Verbilligung der Tarife, denn da die Überschüsse der kommunalen Unternehmungen, fast ausnahmslos für rein kommunale Zwecke Verwendung finden, die nur in den seltensten Fällen „werbend" im eigentlichen Sinne sind, so kann von einer direkten Kapitalneubildung innerhalb der kommunalen Versorgungsbetriebe doch wohl kaum gesprochen

Die Tarife als Maßstab für die wirtschaftliche Leistung. 19

werden, ganz gleichgültig, in welcher Höhe sich die Lieferpreise bewegen. Zur Erfüllung der volkswirtschaftlichen Forderung der Kapitalneubildung würde die öffentliche Hand vielmehr nur indirekt darin beitragen, wenn sie die von ihr erzeugten Sachgüter zu so niedrigen Preisen liefern würde, daß die Abnehmer infolge einer Produktionsverbilligung größere Wirtschaftserfolge erzielen würden, die ihrerseits für eine stärkere Neubildung von Kapital dienen könnten.

Einer Förderung der allgemeinen Volkswirtschaft durch die öffentliche Hand steht aber schon der Umstand entgegen, daß für eine jede Ausdehnung der wirtschaftlichen Betätigung von Reich, Ländern und Kommunen die erforderlichen Kapitalien entweder auf dem Steuerwege oder durch Anleihen beschafft werden müssen. Die zwangsweise Bereitstellung der erforderlichen Mittel durch die Besteuerung aber hat offenbar den großen Nachteil, daß der Volkswirtschaft erhebliche Summen entzogen werden, die sie selbst werbend, d. h. zur Bildung von Neukapital hätte anlegen können, und sie hat ferner den Nachteil, daß im Falle eines Versagens des öffentlichen Betriebes etwa notwendig werdende Zuschüsse durch eine weitere Anziehung der Steuerschraube aufgebracht werden müssen. Diese Gefahr besteht auch bei der Beschaffung der Mittel im Anleihewege, durch den allerdings vorerst die Allgemeinheit insofern nicht geschädigt wird, als es sich um die freiwillige Aufbringung von Kapitalien handelt, deren Verzinsung aus dem Ertrag der öffentlichen Unternehmung erfolgen soll. Bleibt dieser Ertrag jedoch aus oder wirft das Unternehmen der öffentlichen Hand nur eine unterdurchschnittliche Rente ab, so muß auch in diesem Falle die dem Geldgeber gewährleistete Verzinsung durch eine steuerliche Mehrbesteuerung der Allgemeinheit erfolgen.

Bei einer Beurteilung der Tarifgestaltung in wirtschaftlicher und volkswirtschaftlicher Hinsicht kann schließlich die Tatsache nicht unberücksichtigt bleiben, daß der Wirtschaftserfolg der kommunalen Unternehmungen zu einem erheblichen Teil erst durch den Besitz von Privilegien ermöglicht wird, deren sich die Privatwirtschaft nicht zu erfreuen hat, und die daher als wesentliche Faktoren in der Preisbildung zum Ausdruck kommen müßten. Zu diesen Privilegien gehören in erster Linie die Befreiung der öffentlichen Hand von den wichtigsten und einträglichsten

Steuerarten, sodann ihre außerordentliche Bevorzugung im Aufwertungsgesetz.

Was die Steuerfreiheit der öffentlichen Betriebe angeht, so wurde seinerzeit selbst von der Reichsregierung in dem Entwurf des neuen Reichsbesteuerungsgesetzes bzw. des Körperschaftssteuergesetzes die Notwendigkeit ihrer Beseitigung damit begründet, daß eine Steigerung der öffentlichen Betriebe zu höchster Wirtschaftlichkeit ihre Stellung unter gleiche Rechnungsbedingungen mit den privaten Unternehmungen zur Voraussetzung haben müsse, wozu vor allem gehöre, daß auch sie mit der die Privatwirtschaft schwer belastenden Ausgabe der Steuer zu rechnen haben. Zu welchem Ergebnis die Beratung dieser Steuergesetzentwürfe im Reichsrat seinerzeit geführt hat, ist ebenso bekannt, wie die eigenartige Begründung der Reichsregierung, die ihre in das gerade Gegenteil verkehrte Stellungnahme in der Hauptsache damit begründen zu können glaubte, daß ,,für die Befreiung derartiger Betriebe von der Steuerpflicht ausschlaggebend sein dürfte, daß für sie gegenwärtig und wohl auch künftig auf absehbare Zeit der Wettbewerb mit privatwirtschaftlichen Betrieben in der Regel ausscheidet und daß infolgedessen ihre Heranziehung zu der Steuer nicht etwa zu rationellerer Wirtschaftsführung, sondern zu einer die Allgemeinheit benachteiligenden Preiserhöhung führen würde". Wenn diese Begründung also anerkennt, daß eine Aufhebung des Steuerprivilegs eine Erhöhung der Preise nach sich ziehen würde, und wenn sie sich damit mit einer Entschließung des 10. Preußischen Städtetages deckt, die für den Fall einer Beseitigung der Steuerbefreiung eine ,,scharfe Erhöhung" der Werktarife in Aussicht stellte, so zeigen bereits diese Erklärungen, daß der Steuerfrage für die Preisbildung der elektrischen Arbeit eine erhebliche Bedeutung zukommt. In welch hohem Maße dabei die öffentliche Hand im Vergleich zu der Privatwirtschaft begünstigt wird, oder, mit anderen Worten, in welchem Umfange die Ausgaben für Steuern die Preisbildung der elektrischen Arbeit auf der privaten Seite belasten, kann aus den Geschäftsberichten der in Form von Aktiengesellschaften betriebenen Stromversorgungsunternehmungen bzw. aus dem Handbuch der deutschen Aktiengesellschaften und Salings Börsenhandbuch entnommen werden, deren Angaben für das Jahr 1926 bzw. 1926/27 den nachfolgenden Zahlen zugrunde liegen, die das gewogene Mittel aus den Angaben derjenigen Werke darstellen, die über die Höhe ihrer Steuerleistungen besonders berichtet haben.

Für die Beurteilung der Wirkung der Vermögens- und Körperschaftssteuer, von der die kommunalen Werke befreit sind, dürfte es besonders wichtig sein, darauf hinzuweisen, daß die Stromversorgungsunternehmungen als reine Veredelungsbetriebe der Kohle für die Erzeugung und den Verkauf ihrer Produktion eines verhältnismäßig großen Anlagekapitals bedürfen, worauf es zurückzuführen ist, daß sie, im Gegensatz zu anderen Industriezweigen, nur durchschnittlich 23 vH ihres Anlagekapitals jährlich umsetzen, daß sich also der Umsatz zum investierten Kapital etwa wie 1 : 4,3 verhält. Das also bedeutet eine rd. 4,3-fache Belastung des Umsatzes, d. h. des Verkaufspreises allein durch die Vermögens- und Körperschaftssteuer. Diese Feststellung ist gleichbedeutend mit der, daß die elektrische Arbeit im Vergleich zu der Mehrzahl anderer industrieller Produkte schon durch die Vermögens- und Körperschaftssteuer besonders hart betroffen wird. Daß eine solche scharfe Steuerbelastung aber der wünschenswerten Ausbreitung der Stromversorgung durchaus hinderlich ist, bedarf keiner weiteren Erörterung und ist, mit Rücksicht auf die wirtschaftlichen, kulturellen und sozialen Aufgaben, die mit einer allgemeinen und restlosen Elektrifizierung des Landes verbunden sind, besonders bedauerlich.

Betrachtet man die Gesamtsteuersumme, so ist festzustellen, daß zu ihrer Deckung nicht weniger als durchschnittlich 14 vH des Umsatzes, d. h. der gesamten Betriebseinnahmen aus der reinen Stromlieferung in Anspruch genommen werden, daß also auf dem Verkaufspreise je Kilowattstunde eine Unkostenspese für Steuern in Höhe von 14 vH liegt. Das bedeutet, auf den Reingewinn bezogen, eine Ausgabe für Steuern von durchschnittlich 53 vH, und diese Ausgabe erreicht damit eine Höhe, die nur um 25 vH hinter der ausgeschütteten gesamten Dividendensumme zurückbleibt. Wendet man diese Zahlen auf die Ergebnisse der vorstehenden Tarifuntersuchung unter Benutzung der aus der Statistik der Elektrizitätswerke feststellbaren Tatsache an, daß der Kleinverbrauch je Kopf der versorgten Bevölkerung rd. 38 kWst im Jahre beträgt, von dem im Durchschnitt etwa zwei Drittel auf Kraftstrom und ein Drittel auf Lichtstrom entfallen dürfte, so ergibt sich, daß die in der Tabelle 2 festgestellten rd. 26 Mill. Einwohner der privatbelieferten Versorgungsgebiete für Licht einen Gesamtpreis von rd. 146 Mill., für Kraftstrom einen solchen von rd. 161 Mill. RM., insgesamt also rd. 307 Mill. RM. zu zahlen haben, und daß dieser Strompreis mit einer Gesamtsteuersumme von rd. 43 Mill. RM. belastet ist. Da, wie bereits erwähnt, die Werke der öffentlichen Hand von den einträglichsten Steuerarten befreit sind, müßte es ihnen unter der Voraussetzung eines gleichen Wirtschaftserfolges unschwer möglich sein, den Strom um etwa 12 vH billiger zu liefern, was zur Folge haben würde, daß die in Tabelle 2 festgestellten rd. 33 Mill. kommunalversorgten Einwohner für Licht einen um rd. 22, für Kraft einen um rd. 27 Mill. RM. geringeren Betrag zu zahlen hätten, als sie heute tatsächlich bezahlen. Dieser Betrag von zusammen 49 Mill. RM. aber stellt die Steuersumme dar, die die Werke der öffentlichen Hand, und zwar nur bei der Stromlieferung an die Kleinabnehmer, ersparen. Diese Stromlieferung aber umfaßt, wie schon erwähnt, nur 69 vH der Gesamtstromabgabe überhaupt, und es ist daher eher zu niedrig als zu hoch geschätzt, wenn für den Fall einer vollen Besteuerung der Elektrizitätswerke der öffentlichen Hand das Steueraufkommen auf über 100 Mill. RM. angegeben wird.

In welchem Maße die private Elektrowirtschaft und damit ihre Abnehmer durch das Steuerprivileg der öffentlichen Hand benachteiligt werden, kann auch an Hand eines Vergleichs einzelner Werke nachgewiesen werden, also etwa eines solchen der Berliner städtischen Elektrizitätswerke A.-G. (Bewag) mit der gemischtwirtschaftlichen EW. Südwest A.-G. Die letztgenannte hatte bei einem Betriebsgewinn von 10,3 Mill. RM. und einer nutzbaren Stromabgabe von rd. 68 Mill. kWst im Jahre 1927 an Steuern 1,84 Mill. RM. zu entrichten. Die Steuer erreichte also eine Höhe, die, bezogen auf den Betriebsgewinn, 17 vH betrug und die den Strompreis in der gleichen Höhe belastete. Die von den hauptsächlichsten und einträglichsten Steuerarten befreite Bewag dagegen weist in ihrer letzten Bilanz für das gleiche Jahr 1927 eine Steuerleistung von 2,55 Mill. RM. auf, eine Summe, die nur 2,2 vH des nur rd. 116 Mill. RM. betragenden Betriebsgewinnes aus der Stromlieferung entspricht. Unter die Rechnungsbedingungen der EW. Südwest A.-G. gestellt, hätte die Bewag also einen Steuerbetrag von etwa 19 Mill. RM. zu zahlen gehabt, d. h. die ihr durch den Besitz des Steuerprivilegs ermöglichte Ersparnis betrug etwa 17 Mill. RM. Wenn dieser Summe gegenübergestellt wird, daß sich die Abgaben der Bewag an die Stadt Berlin im Jahre 1927 auf rd. 20 Mill. RM. beliefen, daß also die Abgaben zu 85 vH nur auf Grund der Steuerbefreiung geleistet worden sind, so zeigt diese Gegenüberstellung der beiden Werke nicht nur, wie außerordentlich groß die steuerliche Begünstigung der öffentlichen Hand ist und welche maßgebende Bedeutung der Steuerfrage als preisbildenden Faktor bei der Tarifgestaltung der einzelnen Unternehmungsformen zukommt, sie läßt vielmehr auch einen Schluß darauf zu, auf welche Weise die an die Städte abgeführten Überschüsse überhaupt erst ermöglicht werden.

Gegenüber dieser Feststellung hat neuerdings die Steuerfrage von kommunaler Seite, und zwar von dem Geschäftsführer der Interessengemeinschaft kommunaler Elektrizitätswerke, Herrn Staatsminister a. D. Dr. Wendorff[1], eine etwas eigenartige Behandlung insofern erfahren, als versucht wird, die steuerliche Belastung der Privatwirtschaft als nebensächlich und unwesentlich für die Tarifgestaltung hinzustellen. Herr Wendorff begründet diese Ansicht damit, daß sich „die Steuerbefreiung der Werke der öffentlichen Hand nur auf diejenigen Leistungen bezieht, die regelmäßig mit dem Elektrizitätswerksbetrieb verbunden sind, während alle außerhalb desselben liegenden Leistungen umsatzsteuerpflichtig sind". Demgegenüber muß jedoch nochmals festgestellt werden, daß die Werke der öffentlichen Hand gerade von den einträglichsten Steuerarten, nämlich der Körperschafts- und Vermögenssteuer, befreit sind, und daß sie auch durch die Umsatzsteuer nur in besonderen Fällen und in ganz geringem Maße belastet werden. Hiervon aber ganz abgesehen, stellt sich Herr Wendorff mit seiner Ansicht auch in einen schroffen Gegensatz zu den im Eigenbesitz von Versorgungsbetrieben befindlichen deutschen Städten, die eine Beseitigung des Steuerprivilegs entschieden bekämpfen und die, wie erwähnt, für den Fall seiner Beseitigung, eine sofortige scharfe Strompreiserhöhung in Aussicht stellen.

---

[1] Wendorff, Staatsminister a. D. Dr.: Das Verhältnis der öffentlichen und privaten Elektrizitätswirtschaft. Der Deutsche Städtetag 1928, Nr. 4, S. 429ff.

Neben diesem Privileg der Steuerfreiheit besitzt die öffentliche Hand noch ein weiteres, das die Preispolitik der kommunalen Werke überaus günstig zu beeinflussen vermag, nämlich die Bestimmung des Aufwertungsgesetzes, nach der die städtischen Anleihen, mit denen die Werke seinerzeit erbaut wurden, nur mit einer geringen Quote aufzuwerten sind, während die Privatwirtschaft bei der Umstellung auf Goldmark gezwungen war, ihr Anlagekapital in Form der Aktien wieder voll herzustellen. Diese außerordentliche Begünstigung bedeutet für die kommunalen Werke nicht nur eine erhebliche Ersparnis an Zinsen, sie verleitet vielmehr auch eine große Anzahl von ihnen dazu, nur unzulängliche Abschreibungen vorzunehmen, die dem heutigen tatsächlichen Wert der Anlagen keineswegs entsprechen. Es handelt sich dabei in erster Linie um kameralistisch verwaltete Betriebe, die sich den Standpunkt zu eigen gemacht haben, daß eine Entwertung der Anleihen gleichbedeutend mit einer mehr oder minder völligen Abschreibung der alten Anlagewerte sei, und die daher unter weitgehendem Verzicht auf die Bildung genügend starker Rücklagen etwa notwendig werdende Erneuerungen durch die Aufnahme von Anleihen bestreiten. Eine solche Finanzgebarung ist aber schon aus dem Grunde abzulehnen, weil die elektrische Arbeit nach dem heutigen Geldstande verkauft wird und demgemäß auch die der Produktion dienenden Sachwerte dem heutigen Geldstande entsprechend bewertet, d. h. dem heutigen Geldstande entsprechend verzinst und abgeschrieben werden müssen. Wird dieser Forderung nicht entsprochen, so haben die Werke für sich einen beträchtlichen Inflationsgewinn zu buchen, der um so mehr in den Strompreisen zum Ausdruck kommen müßte, als die Verzinsung einer für etwaige Erneuerungen notwendigen Anleihe letzten Endes von den Stromabnehmern durch die Tarife bzw. von der Allgemeinheit durch die Steuern zu decken ist. Vom volkswirtschaftlichen Gesichtspunkt aus aber ist eine solche Finanzgebarung auch deshalb zu bemängeln, weil der für die Vornahme von Erneuerungen notwendige Kapitalbedarf in der Hauptsache mit teurem ausländischen Gelde gedeckt wird, dessen Zinshöhe keineswegs in einem gesunden Verhältnis zur Rentabilität der Unternehmungen der öffentlichen Hand steht.

Aus der Tatsache, daß die öffentliche Hand, trotz ihrer großen Bevorzugung auf steuerlichem Gebiet, durchschnittlich höhere

Strompreise fordert als die Privatwirtschaft, können nur die Folgerungen abgeleitet werden, daß sie entweder nicht in der Lage ist, ihre Strompreise wenigstens im Ausmaße der von der privaten Seite zu zahlenden Steuern zu ermäßigen, daß sie also teuerer produziert als die privaten und gemischt-wirtschaftlichen Unternehmungen, oder daß sie die ersparten Steuerbeträge als Überschuß an die Kommunen abführt. In beiden Fällen aber bedeutet die einseitige Steuerbefreiung der kommunalen Betriebe eine außerordentlich große Benachteiligung der privatbelieferten Abnehmer, die indirekt über den Strompreis ganz erhebliche Steuerbeträge zu zahlen gezwungen sind, von denen die Abnehmer der kommunalen Werke befreit sind. Diese einseitige Bevorzugung der kommunalen Betriebe bedeutet aber ferner auch eine direkte Schädigung des Reiches, dem durch das Steuerprivileg der Kommunalwerke namhafte Beträge entzogen werden, und sie bedeutet eine indirekte Schädigung der Allgemeinheit, die ja letzten Endes diesen Ausfall durch die Zahlung erhöhter Steuern zu decken hat. Es kommt schließlich hinzu, daß sich die Mehrzahl der privaten und gemischt-wirtschaftlichen Unternehmungen in kleineren Städten und auf dem flachen Lande betätigt. Diese Tatsache aber verstärkt neben der Ungerechtigkeit auch noch die Ungleichmäßigkeit der von den privatbelieferten Konsumenten mit dem Strompreis erhobenen indirekten Steuer insofern, als die an das Reich abgelieferten Beträge auch den Großstädten zugute kommen, die somit zum Teil auch von solchen Gemeinden steuerlich gespeist werden, deren Finanzkraft — auch verhältnismäßig — an sich schon eine erhebliche geringere ist als die der Großstädte.

Wenn als Rechtfertigung dieses Systems häufig darauf hingewiesen wird, daß der elektrische Strom mit Rücksicht auf seine Bedeutung für das gesamte Wirtschaftsleben den Konsumenten so billig wie nur möglich geliefert werden müsse, so ist diese Ansicht aus verschiedenen Gründen abwegig. Wäre sie richtig, so kann nicht eingesehen werden, aus welchen Gründen noch weit wichtigere Bedarfsartikel des täglichen Lebens, die überdies für den Haushalt der breiten Masse von weit größerer Bedeutung sind als die Ausgaben für elektrischen Strom, also wie etwa das unentbehrliche Brot und sonstige Nahrungsmittel, ferner Bekleidungsgegenstände u. dgl. steuerlich überaus stark belastet sind.

Trifft aber die Ansicht der Anhänger des Steuerprivilegs über die Bedeutung des elektrischen Stromes zu, so wird damit doch noch keineswegs die einseitige Bevorzugung einer Unternehmungsform gegenüber einer anderen gerechtfertigt, die sich von der ersten lediglich durch die Rechtsform unterscheidet, die im übrigen aber ihr völlig gleichartig ist, denn auch die Anleihen, mit denen die Betriebe der öffentlichen Hand finanziert und gebaut werden, entfließen keiner anderen Quelle als dem Privatkapital. Es ist also durchaus inkonsequent, für die Beurteilung der Steuerpflicht eines Versorgungsbetriebes lediglich die rein äußerliche Rechtsform gelten zu lassen und ein solches Werk von der Pflicht der Steuerleistung zu befreien, nur weil es unter Inanspruchnahme von Privatkapital im Besitz und in der Verwaltung der öffentlichen Hand ist, ein anderes völlig gleichartiges Unternehmen dagegen nur aus dem Grunde schwer zu besteuern, weil das gleiche Privatkapital, dem die Werke der öffentlichen Hand ihre Existenz überhaupt erst zu verdanken haben, an ihm beteiligt ist und entsprechend der Höhe seiner Beteiligung auch einen Einfluß auf die Verwaltung und die Betriebsführung auszuüben wünscht.

Auch der verhältnismäßig günstigste Fall, nämlich der, daß die Werke der öffentlichen Hand ihre Steuerersparnisse als Betriebsüberschüsse an die hinter ihnen stehenden Kommunen abführen, kann nicht als eine Rechtfertigung des Steuerprivilegs gelten, da es für das Reich praktisch kaum möglich ist, bei der Steuerrücküberweisung die Einnahmen der einzelnen Gemeinden aus ihren Versorgungsbetrieben zu berücksichtigen und die Überweisung entsprechend zu kürzen. Diese unvermeidbare schematische Behandlung aller Gemeinden führt also für das Reich nicht zu einer Ersparnis infolge einer Minderüberweisung, sie verhilft nur einzelnen Gemeinden zu Sondereinnahmen, deren Verwendung mit der heutigen Finanznot der Kommunen keineswegs immer im Einklang steht, und die der allgemein erhobenen Forderung nach größter Sparsamkeit nicht selten entgegenwirken. Auch eine Benachteiligung der Allgemeinheit besteht in dem Falle der Abführung der Steuerersparnisse an die Kommunen insofern, als es sich nur um die Bevorzugung einzelner, im Eigenbesitz von Versorgungsbetrieben befindlicher Gemeinden auf Kosten aller übrigen handelt, während gerechterweise allen Kommunen ein gleichmäßiger Anteil an sämtlichen Steuererträgnissen zusteht.

Eine gleichmäßige Behandlung aller Gemeinden aber ist nur durch eine gleichmäßige Besteuerung aller Versorgungsbetriebe ohne Rücksicht auf die Besitzverhältnisse und durch eine entsprechende Rücküberweisung eines Teiles der auch von den Unternehmungen der öffentlichen Hand zu zahlenden Steuern an ihre Träger zu erreichen.

Schließlich begründet aber die Steuerfreiheit, wie der oben angestellte Vergleich der Bewag mit der EW.SüdwestA.-G. zeigt, auch die Gefahr, daß für eine Reihe von Betrieben eine Wirtschaftlichkeit vorgetäuscht wird, die in Wirklichkeit aus dem Grunde gar nicht vorhanden ist, weil die abgeführten Überschüsse zum größten Teil nur durch die Steuerersparnis ermöglicht worden sind. Vergleicht man diese Überschüsse kommunaler Betriebe mit denen der Privatwirtschaft, so ist die Frage nach der zweckmäßigsten Unternehmungsform unbedingt zugunsten der Privatwirtschaft zu beantworten, wenn von den, von den Werken der öffentlichen Hand an die öffentlichen Haushaltungen abgeführten Überschüssen diejenigen Beträge in Abzug gebracht werden, die die privaten und gemischt-wirtschaftlichen Unternehmungen in Form von Steuern an die Allgemeinheit abführen, wenn die auf Grund des Aufwertungsgesetzes zum Teil unzulänglichen Abschreibungen in Rechnung gestellt werden, kurz, wenn die beiden Unternehmungsformen unter gleiche Rechnungsbedingungen gestellt werden, und wenn berücksichtigt wird, daß die privaten Betriebe trotz aller Belastungen und trotz niedrigerer Strompreise noch eine Rente zu erwirtschaften verstehen, die die der kommunalen Werke zum Teil auch dann erheblich übersteigt, wenn alle der öffentlichen Hand gewährten Vergünstigungen unberücksichtigt bleiben.

Schließlich bietet eine Tarifuntersuchung auch einen geeigneten Maßstab für die Beurteilung der sozialen und kulturellen Leistung beider Unternehmungsformen, wenn unter dieser Leistung die Stromversorgung der dünnbesiedelten Gebiete Deutschlands, die normalerweise auch die wirtschaftlich schwächeren sind, verstanden wird. Die Stromversorgung solcher Gebiete bedeutet nicht nur infolge der im Verhältnis zu den Groß- und Mittelstädten nur spärlich vertretenen industriellen Stromabnehmer u. a. bestehenden geringeren Absatzmöglichkeit ein ungleich größeres geschäftliches Risiko als die Stromlieferung in dichtbevölkerten und geschlossen bebauten Gebietsteilen, sie setzt vielmehr auch zur Erreichung des gleichen Erfolges, d. h. zur Belieferung der gleichen Anzahl von Einwohnern, die Investierung eines wesentlich größeren Anlagekapitals und die Ausgabe erheblich höherer Summen für die Unterhaltung und Bedienung der Anlage voraus, als sie die Stromversorgung der rein städtischen Bevölkerung erfordert. Die Strombelieferung der weniger stark besiedelten Gegenden bedeutet also gleichsam eine soziale Belastung des Stromlieferers, von der es sehr wohl verständlich wäre, wenn sie auch im Strompreis zum Ausdruck kommen würde. In der Tabelle 2 ist bereits nachgewiesen, daß die Versorgungsgebiete der öffentlichen Hand zu rd. 70 vH einen rein städtischen Charakter besitzen, während sich gerade umgekehrt die Abnehmerschaft der privaten und gemischt-wirtschaftlichen Unternehmungen zu 75 vH aus den Bewohnern der Kleinstädte und der ländlichen Gemeinden zusammensetzt. Diese Feststellung wird bestätigt und verstärkt durch die mehrfach erwähnte Statistik der Elektrizitätswerke, aus deren Angaben für 282 kommunale und 200 private Werke zu entnehmen ist, daß das kommunale Versorgungsgebiet eine durchschnittliche Bevölkerungsdichte von 276 Einwohnern je Quadratkilometer aufweist, während sie sich bei den privaten Unternehmungen nur auf 76 Einwohner je Quadratkilometer beläuft. Nach den Angaben der Statistik können demnach die äußeren Bedingungen, unter denen beide Unternehmungsformen arbeiten, dahin zusammengefaßt werden, daß die privaten Werke zur Erzielung des gleichen Erfolges, d. h. zur Versorgung der gleichen Einwohnerzahl ein um rd. viermal größeres Gebiet elektrisch erschließen müssen, als die Werke der öffentlichen Hand, die sich in der Hauptsache in den dichtbevölkerten Groß- und Mittelstädten betätigen, und die die weniger ertragreichen ländlichen Gebiete der Fürsorge der Privatwirtschaft überlassen. Diesem minderwertigen Charakter der privaten Versorgungsgebiete entspricht der Aufwand an Hoch- und Niederspannungsleitungen, der auf Grund der Angaben der Statistik folgenden Umfang besitzt:

Leitungsaufwand je 1000 Einwohner.
A. Kommunale Werke: Hochspannung 2,25 km
Niederspannung 2,21 km
B. Private Werke: Hochspannung 4,66 km
Niederspannung 3,22 km

Legt man als mittleren Preis für 1 km Hochspannungsleitung einschließlich der anteiligen Kosten für Umspannstellen eine Summe von 8000 RM., für 1 km Niederspannungsleitung eine solche von 3500 RM. zugrunde, so ergibt sich, daß der Privatwirtschaft für die Versorgung der in Tabelle 2 festgestellten rd. 26 Mill. Einwohner nur aus dem Grunde ein Mehraufwand von rd. 600 Mill. RM. erwächst, weil sie weit mehr als die Werke den öffentlichen Hand die in sozialer und kultureller Hinsicht außerordentlich hoch zu veranschlagende Aufgabe erfüllen, die Bevölkerung in den dünnbesiedelten Gebieten Deutschlands mit Strom zu versorgen. Auch diese soziale Mehrbelastung kommt in den Strompreisen nicht zum Ausdruck, obwohl sie bei Berücksichtigung der Stromabgabe auch an die industriellen Großabnehmer eine Höhe von rd. 10 vH, ohne Berücksichtigung dieser Abnehmerkategorie aber eine solche von rd. 15 vH des durchschnittlichen Strompreises erreicht, und zwar allein schon durch die Wirkung des Kapitaldienstes.

Die Preisgestaltung der elektrischen Arbeit als Maßstab für die Beurteilung der Zweckmäßigkeit der einzelnen Unternehmungstformen führt also zu dem Ergebnis, daß die öffentliche Hand weder auf wirtschaftlichem noch auf volkswirtschaftlichem Gebiet Leistungen aufzuweisen hat, die sie als Trägerin der Elektrowirtschaft besonders geeignet erscheinen lassen, und sie führt weiter zu dem Ergebnis, daß sie auch mit ihren sozialen und kulturellen Leistungen hinter denen der Privatwirtschaft erheblich zurücktritt.

IV. Die Werktarife der preußischen Gemeinden mit mehr als 10 000 Einwohnern im Lichte des Preuß. Statist. Landesamts.

Einer umfangreichen Arbeit über die „von den preußischen Gemeinden mit mehr als 10 000 Einwohnern erhobenen Gebühren für Gas, Wasser, Elektrizität und Zählermiete" und über die Beziehung der Werktarife zu den Betriebsüberschüssen und zu den Realsteuerzuschlägen hat sich in der „Zeitschrift des Preußischen Statistischen Landesamts" Jg. 67, S. 49ff., Herr Dipl.-Ing. Dr. Max Mulertt unterzogen, die um so mehr Beachtung gefunden hat, als sie einen amtlichen Charakter besitzt. Aus der dichtbevölkerten und geschlossen bebauten Gebietsteilen, sie setzt vielmehr auch zur Erreichung des gleichen Erfolges, d. h. zur Belieferung der gleichen Anzahl von Einwohnern, die Investierung eines wesentlich größeren Anlagekapitals und die Ausgabe erheblich höherer Summen für die Unterhaltung und Bedienung der Anlage voraus, als sie die Stromversorgung der rein städtischen Bevölkerung erfordert. Die Strombelieferung der weniger stark besiedelten Gegenden bedeutet also gleichsam eine soziale Belastung des Stromlieferers, von der es sehr wohl verständlich wäre, wenn sie auch im Strompreis zum Ausdruck kommen würde. In der Tabelle 2 ist bereits nachgewiesen, daß die Versorgungsgebiete der öffentlichen Hand zu rd. 70 vH einen rein städtischen Charakter besitzen, während sich gerade umgekehrt die Abnehmerschaft der privaten und gemischt-wirtschaftlichen Unternehmungen zu 75 vH aus den Bewohnern der Kleinstädte und der ländlichen Gemeinden zusammensetzt. Diese Feststellung wird bestätigt und verstärkt durch die mehrfach erwähnte Statistik der Elektrizitätswerke, aus deren Angaben für 282 kommunale und 200 private Werke zu entnehmen ist, daß das kommunale Versorgungsgebiet eine durchschnittliche Bevölkerungsdichte von 276 Einwohnern je Quadratkilometer aufweist, während sie sich bei den privaten Unternehmungen nur auf 76 Einwohner je Quadratkilometer beläuft. Nach den Angaben der Statistik können demnach die äußeren Bedingungen, unter denen beide Unternehmungsformen arbeiten, dahin zusammengefaßt werden, daß die privaten Werke zur Erzielung des gleichen Erfolges, d. h. zur Versorgung der gleichen Einwohnerzahl ein um rd. viermal größeres Gebiet elektrisch erschließen müssen, als die Werke der öffentlichen Hand, die sich in der Hauptsache in den dichtbevölkerten Groß- und Mittelstädten betätigen, und die die weniger ertragreichen ländlichen Gebiete der Fürsorge der Privatwirtschaft überlassen. Diesem minderwertigen Charakter der privaten Versorgungsgebiete entspricht der Aufwand an Hoch- und Niederspannungsleitungen, der auf Grund der Angaben der Statistik folgenden Umfang besitzt:

Leitungsaufwand je 1000 Einwohner.

A. Kommunale Werke: Hochspannung 2,25 km
Niederspannung 2,21 km
B. Private Werke: Hochspannung 4,66 km
Niederspannung 3,22 km

Legt man als mittleren Preis für 1 km Hochspannungsleitung einschließlich der anteiligen Kosten für Umspannstellen eine Summe von 8000 RM., für 1 km Niederspannungsleitung eine solche von 3500 RM. zugrunde, so ergibt sich, daß der Privatwirtschaft für die Versorgung der in Tabelle 2 festgestellten rd. 26 Mill. Einwohner nur aus dem Grunde ein Mehraufwand von rd. 600 Mill. RM. erwächst, weil sie weit mehr als die Werke der öffentlichen Hand die in sozialer und kultureller Hinsicht außerordentlich hoch zu veranschlagende Aufgabe erfüllen, die Bevölkerung in den dünnbesiedelten Gebieten Deutschlands mit Strom zu versorgen. Auch diese soziale Mehrbelastung kommt in den Strompreisen nicht zum Ausdruck, obwohl sie bei Berücksichtigung der Stromabgabe auch an die industriellen Großabnehmer eine Höhe von rd. 10 vH, ohne Berücksichtigung dieser Abnehmerkategorie aber eine solche von rd. 15 vH des durchschnittlichen Strompreises erreicht, und zwar allein schon durch die Wirkung des Kapitaldienstes.

Die Preisgestaltung der elektrischen Arbeit als Maßstab für die Beurteilung der Zweckmäßigkeit der einzelnen Unternehmungsformen führt also zu dem Ergebnis, daß die öffentliche Hand weder auf wirtschaftlichem noch auf volkswirtschaftlichem Gebiet Leistungen aufzuweisen hat, die sie als Trägerin der Elektrowirtschaft besonders geeignet erscheinen lassen, und sie führt weiter zu dem Ergebnis, daß sie auch mit ihren sozialen und kulturellen Leistungen hinter denen der Privatwirtschaft erheblich zurücktritt.

IV. Die Werktarife der preußischen Gemeinden mit mehr als 10000 Einwohnern im Lichte des Preuß. Statist. Landesamts.

Einer umfangreichen Arbeit über die „von den preußischen Gemeinden mit mehr als 10000 Einwohnern erhobenen Gebühren für Gas, Wasser, Elektrizität und Zählermiete" und über die Beziehung der Werktarife zu den Betriebsüberschüssen und zu den Realsteuerzuschlägen hat sich in der „Zeitschrift des Preußischen Statistischen Landesamts" Jg. 67, S. 49ff., Herr Dipl.-Ing. Dr. Max Mulertt unterzogen, die um so mehr Beachtung gefunden hat, als sie einen amtlichen Charakter besitzt. Aus der dem Titel beigefügten Bemerkung „im amtlichen Auftrage bearbeitet von..." ist zu Unrecht geschlossen worden, daß es sich bei der Arbeit um die Benutzung amtlichen Materials handle, das bisher der Öffentlichkeit nicht zugänglich war, woraus wiederum unzutreffende Schlüsse auf den Wert der Arbeit gezogen sind.

Was das der Feststellung der Höhe der Werktarife zugrunde liegende Material angeht, so handelt es sich nach den Angaben der „Vorbemerkungen" zu der Arbeit um solches, das „von den Regierungspräsidenten im Auftrag des Innenministeriums durch Umfrage bei den betreffenden Gemeinden beschafft worden ist", während „das Erhebungsmaterial für die Betriebsüberschüsse der Finanzstatistik für 1925 entnommen wurde". Abgesehen davon, daß das Ergebnis der Tariferhebung insofern nur ein unvollständiges und mangelhaftes ist, als von den 352 preußischen Gemeinden 58, das sind 13,6 vH, mit 1482924 Einwohnern die Umfrage überhaupt nicht beantwortet haben bzw. ohne Angabe von Gründen in der Mulerttschen Arbeit nicht berücksichtigt worden sind, hätte es zur Feststellung der Werkgebühren des umständlichen Apparates einer Umfrage, an der das Statistische Landesamt, das Preußische Innenministerium, 35 Regierungspräsidenten und schließlich 352 Gemeinden beteiligt waren, gar nicht bedurft, denn die sowohl von der Vereinigung der Elektrizitätswerke als auch von dem Deutschen Verein von Gas- und Wasserfachmännern regelmäßig herausgegebenen Tarifzusammenstellungen bieten das gleiche, nur vollständigeres und neueres Material, wie es das Statistische Landesamt unter Bemühung von mindestens 389 Behörden zusammengetragen hat. Diese Statistiken, die auf den Angaben der einzelnen Werke beruhen, die also letzten Endes aus den gleichen Quellen fließen, aus denen das Statistische Amt ebenfalls geschöpft hat, liegen bereits für das Jahr 1927 vor, während die amtliche Arbeit die zum Teil überholten Zahlen vom 15. Juni 1926 als Stichtag benutzt. Daß es weiter bedenklich ist, die Zahlen zweier verschiedener Rechnungsjahre, nämlich die am 15. Juni 1926 gültigen Werktarife den Betriebsüberschüssen aus dem Jahre 1925 gegenüberzustellen, gibt Herr Mulertt selbst zu, glaubt jedoch sein Verfahren damit rechtfertigen zu können, „daß mit voller Sicherheit damit zu rechnen ist, daß die am 15. Juni 1926 gültigen Tarife schon 1925 in Kraft standen". Daß diese Annahme irrig ist, daß vielmehr gerade in der kritischen Zeit beispielsweise allein von den Elektrizitätswerken 14 vH der Werke den Lichtstrom erhöhten und 33 vH ermäßigten, während das für den Kraftstrom bei 8 vH bzw. 48 vH der Werke zutraf, ist bereits in Tabelle 9 zahlenmäßig nachgewiesen. Die Gegenüberstellung der im Jahre 1926 gültigen Tarife mit den Überschüssen des Rechnungsjahres 1925 entwertet demnach die amtlichen Feststellungen schon dann beträchtlich, wenn man nur die von dem Verfasser der Arbeit selbst geäußerten Bedenken gelten läßt, die er ohne jede Berechtigung als belanglos hinstellt.

Von diesen Mängeln aber ganz abgesehen, kann mit Recht gegen die Zusammenstellung der Tarife noch insofern der Vorwurf einer nur geringen Sorgfalt in der Bearbeitung erhoben werden, als außer der bereits erwähnten Vernachlässigung von 58 Gemeinden überhaupt für die verbleibenden 294 Gemeinden die entsprechenden Tarife noch nicht einmal vollständig angegeben sind, was unter Benutzung der erwähnten Tarifstatistik der Vereinigung der E.W. mit Leichtigkeit hätte geschehen können. Bei den behandelten 294 Gemeinden fehlen nämlich für 38 Gas- und 89 Elektrizitätswerke die Tarife, was jedoch den Verfasser nicht hindert, für 13 bzw. 41 dieser Werke trotzdem die erzielten Überschüsse anzugeben. Da diese Überschüsse zwar nicht in dem von Mulertt angenommenen Maße von der Preisgestaltung abhängig sind, immerhin aber doch in einer gewissen Beziehung zu der Höhe der Gebühren stehen, und da der Zweck der Arbeit ja der ist, einen Vergleich zwischen Tarifen und Überschüssen zu ziehen, so scheiden weitere 38 Gemeinden für die Beurteilung der Gaswerke und 89 Gemeinden für die Beurteilung der Elektrizitätswerke aus, und zwar sowohl hinsichtlich der Tarife als auch der Betriebsüberschüsse. Von den überhaupt in Preußen vorhandenen 352 Gemeinden mit über 10 000 Einwohnern verbleiben sonach nur 236 = 67 vH für die Gaswerke und 205 Gemeinden = 58 vH für die Elektrizitätswerke. Die Basis, auf der sich die Untersuchung aufbaut, ist also eine recht beschränkte, und der Einwand der Lückenhaftigkeit und Unvollständigkeit der Arbeit ist um so mehr berechtigt, da es sich um eine „im amtlichen Auftrage" verfaßte Arbeit handelt, bei der das Mittel der Umfrage zur Verfügung stand.

Wenn bereits auf Grund der soeben erwähnten Mängel erhebliche Einwendungen gegen die einfache Tarifzusammenstellung erhoben werden müssen, so ist das noch weit mehr der Fall, soweit sich die Statistik mit den von den einzelnen Werken abgeführten Betriebsüberschüssen in ihrer Beziehung zu der Höhe der Werkgebühren befaßt. Das Bedenkliche der Gegenüberstellung der Zahlen aus zwei verschiedenen Rechnungsjahren ist bereits erwähnt. Darüber hinaus aber muß festgestellt werden, daß eine solche Zusammenstellung überhaupt jedes Wertes entbehrt, solange nicht der Begriff „Überschuß" einwandfrei definiert wird. Es bedarf keines Beweises, daß die Höhe des Überschusses in hohem Maße beeinflußt wird von der Art der Finanzgebarung der Werke, insbesondere also von der Höhe der Abschreibungen und von der Vornahme ausreichender Rückstellungen für Erneuerungen, Betriebsverbesserungen u. dgl. Es ist aber bekannt, daß eine große Anzahl der kameralistisch verwalteten Werke Abschreibungen nur in ungenügendem Maße und Rückstellungen überhaupt nicht vornehmen, daß sie vielmehr etwa notwendig werdende Erneuerungen aus Anleihen decken. Daß diese Werke auch bei verhältnismäßig niedrigen Tarifen einen höheren Überschuß abzuführen imstande sind als solche, die auf ihre Anlagewerte ausreichende Abschreibungen und Rücklagen vornehmen, kann ebenfalls unerörtert bleiben. Es folgt daraus, daß es vollständig abwegig ist, aus der Höhe der abgeführten Überschüsse irgendwelche Rückschlüsse auf die Überlegenheit der einen Betriebsform über die andere zu ziehen, und es folgt weiter daraus, daß diese Überschüsse nur dann für die Beurteilung der einzelnen Unternehmungsformen verwendet werden können, wenn sie in Beziehung zu den investierten Werten, deren Verzinsung sie ja letzten Endes darstellen, gesetzt werden.

Die Mulerttsche Zusammenstellung der Überschüsse hätte weiter nur dann einen Wert, wenn sie diese Überschüsse nicht auf den Kopf des Einwohners der Versorgungsgebiete bezogen, sondern in Prozenten zu dem Anlagekapital, und zwar dieses bewertet nach dem heutigen Geldstande, angegeben hätte. Daß das nicht geschehen ist, nimmt der Mulerttschen Zusammenstellung der Überschußzahlen jede Bedeutung, und damit fallen auch die aus diesen Zahlen abgeleiteten Folgerungen, die darin gipfeln, daß die „vergesellschafteten" Betriebe für die Gemeinden einen weit geringeren Überschuß erbringen als die kommunalen Unternehmungen.

Aber nicht nur grundsätzliche Einwendungen sind gegen die Zusammenstellung und vor allem gegen die Verwertung und Auslegung der Mulerttschen Überschußzahlen zu erheben. Untersucht man nämlich einige dieser „vergesellschafteten" Betriebe, und zwar solche, bei denen die „Vergesellschaftung" nicht nur in einer Überführung eines bisher kameralistisch verwalteten Betriebes in eine rein kommunale A.-G. oder G. m. b. H., sondern in einer Verbindung von öffentlicher Hand und Privatwirtschaft zur Führung des Wirtschaftsunternehmens besteht, so muß festgestellt werden, daß die von Mulertt ausgewiesenen Überschußzahlen mit den von dem gemischt-wirtschaftlichen Unternehmen an ihren kommunalen Vertragspartner tatsächlich abgeführten Beträgen nicht übereinstimmen. Bereits eine Stichprobe bei 9 gemischt-wirtschaftlichen Werken, von denen das finanzielle Erträgnis für den kommunalen Teilhaber auf Grund von Geschäftsberichten und Haushaltsrechnungen einwandfrei feststeht, führt zu dem Ergebnis, daß in 5 Fällen die von Mulertt angegebenen Überschüsse von den im Rechnungsjahre 1925 tatsächlich abgeführten Beträgen stark abweichen. Für diese fünf unter Beteiligung der Privatwirtschaft vergesellschafteten Betriebe führt Mulertt einen abgeführten Gesamtüberschuß von 267 117 RM. an, während tatsächlich für das in Frage stehende Rechnungsjahr 1925 523 134 RM., also rd. das Doppelte der von Mulertt angegebenen Summe an den kommunalen Teilhaber abgeführt wurde, und zwar ohne Berücksichtigung der nicht unbeträchtlichen Steuern.

Der Kernpunkt der Mulerttschen Arbeit besteht nun darin, daß sie den Nachweis zu führen versucht, daß die in eigener Verwaltung betriebenen Werke günstiger arbeiten als die „vergesellschafteten" Betriebe. Dieser Nachweis ist aber schon aus dem Grunde als völlig mißglückt zu betrachten, weil für Mulertt „vergesellschaftete" Betriebe solche sind, die in irgendeiner privatwirtschaftlichen Form geführt werden, ganz gleichgültig, ob es sich dabei um solche Gesellschaften, deren Aktien oder Anteile ausschließlich im Besitz der Kommune sind, also um rein kommunale Betriebsgesellschaften oder um solche handelt, die als gemischt-wirtschaftliche Unternehmungen unter

Beteiligung der Privatwirtschaft geführt werden. Untersucht man die Mulerttsche Statistik näher, so ist eine Fülle von Fehlern und Irrtümern festzustellen. Mulertt stellt 176 Gaswerke und die gleiche Anzahl von Elektrizitätswerken fest, die ihre Überschüsse für das Rechnungsjahr 1925 gesondert angegeben haben, und er rubriziert diese Werke wie folgt:

Gaswerke.

Anzahl der Werke mit besonderer Angabe des Überschusses: 176
davon: in Eigenverwaltung 150; durchschnittl. Überschuß je Kopf 2,72
vergesellschaftet 19; „ „ „ „ 1,98
verpachtet 7; „ „ „ „ 1,47

Elektrizitätswerke.

Anzahl der Werke mit gesonderter Angabe des Überschusses: 176
davon: in Eigenverwaltung 121; durchschnittl. Überschuß je Kopf 4,54
vergesellschaftet 31; „ „ „ „ 2,84
verpachtet 24; „ „ „ „ 1,45

Die völlige Wertlosigkeit dieser Zusammenstellung tritt zutage, wenn folgende Punkte berücksichtigt werden: Bereits bei der Feststellung der „in Eigenverwaltung" befindlichen Betriebe sind beachtenswerte Fehler unterlaufen, beispielsweise bei der Stadt Berlin, deren Werke bereits seit Jahren in der Form der A.-G. betrieben werden, die also „vergesellschaftet" im Mulerttschen Sinne sind, jedoch als „im Eigenbesitz" befindlich aufgeführt werden. Die Angaben über die Stadt Berlin sind aber außerdem noch insofern mangelhaft, als die neben den städtischen Werken betriebenen gemischt-wirtschaftlichen Unternehmungen, nämlich die Gas-Betriebs-Gesellschaft und das Elektrizitätswerk Südwest, unberücksichtigt geblieben sind. Das letztgenannte Unternehmen versorgt 351 268 Einwohner der Gemeinde Groß-Berlin mit Strom, und es hat in dem Geschäftsjahr 1925 nach dem Geschäftsbericht, abgesehen von den Steuern, an die Stadt eine Abgabe von 1 608 763 RM. abgeführt. Allein diese Abgabe, zu der noch die Einnahmen aus der in Höhe von 9 vH verteilten Dividende für die Stadt treten, entspricht einem Überschuß je Kopf der Bevölkerung des Versorgungsgebietes von 4,58 RM., er ist also doppelt so hoch wie der von Mulertt für das städtische Elektrizitätswerk ausgewiesene Betrag von 2,29 RM. je Kopf der Bevölkerung, und er übersteigt diesen Betrag auch dann noch um 83,2 vH, wenn die von dem EW. Südwest versorgten Einwohner von der Gesamteinwohnerzahl Groß-Berlins in Abzug gebracht werden. Zu ähnlichen Ergebnissen kommt man bei einer Betrachtung der Gasbetriebs-Gesellschaft, an der die Stadt Berlin über die Deutsche Gas-Gesellschaft zu einem Drittel beteiligt ist.

Ähnlich verhält es sich mit den Städten Frankfurt a. M. und Essen. Beide Städte betreiben zwar ein eigenes Gas- bzw. Elektrizitätswerk, diese Werke aber sind im Vergleich zu den daneben bestehenden gemischt-wirtschaftlichen Unternehmungen so bedeutungslos, daß beide Gemeinden unbedingt in der Rubrik „Vergesellschaftet" hätten Aufnahme finden müssen. Die Jahresleistung des städtischen Frankfurter Gaswerkes beträgt nur 4,8 Mill cbm gegenüber 71 Mill. der gemischt-wirtschaftlichen Frankfurter Gas-Gesellschaft, die nach den Angaben von Mulertt 1 556 081 RM, entsprechend 3,37 RM. je Kopf der Bevölkerung, an die Kommune abgeliefert haben, gegenüber einem Überschuß von 0,66 RM. je Kopf der Bevölkerung, den das eigene städtische Werk erbracht hat. Nach dem Geschäftsbericht der Gesellschaft handelt es sich aber bei der genannten Summe von rd. 1,5 Mill RM. offenbar nur um die reine Konzessionsabgabe, die in Höhe von 2 Pf. je Kubikmeter verkauften Gases an die Stadt abzuliefern ist. Darüber hinaus aber ist die Stadt Frankfurt mit über 50 vH an dem 20 Mill. RM. betragenden Aktienkapital beteiligt, was bei einer 7 proz. Dividende einer weiteren Einnahme von mindestens 700 000 RM. entspricht, und schließlich hat die Gesellschaft rd. 1 Mill. RM. an Steuern bezahlt, von denen ein erheblicher Teil an die Stadt fließt. Der aus der gemischt-wirtschaftlichen Unternehmung gezogene Gesamtüberschuß beläuft sich also auf etwa 5,75 RM. je Kopf der Bevölkerung. Alles das aber wird von Herrn Mulertt vernachlässigt und ist für ihn bedeutungslos, die Tatsache der Existenz eines kleinen, bedeutungslosen Werkes genügt ihm vielmehr, um die Stadt Frankfurt in die Kategorie der „in Eigenverwaltung" befindlichen Werke einzureihen, während in Wirklichkeit der Hauptbesitz und die Haupteinnahmequelle in der Beteiligung an der gemischt-wirtschaftlich betriebenen Frankfurter Gasgesellschaft besteht. Wie in Frankfurt bei der Gasversorgung, so liegen die Verhältnisse bei der Elektrizitätsversorgung der Stadt Essen, die ein eigenes

Elektrizitätswerk mit einer Gesamtleistungsfähigkeit von 575 kW besitzt, das jedoch lediglich Reservezwecken dient. Dieses Werk versorgt den Stadtteil Altenessen mit einer Einwohnerzahl von rd. 60000 Personen, und nur auf diese Einwohnerzahl kann sich der von Mulertt ausgewiesene Überschuß von 160000 RM. beziehen. Das Gros der Bevölkerung dagegen, also rd. 410000 Einwohner, wird auf gemischt-wirtschaftlicher Basis durch die Rheinisch-Westfälischen Elektrizitätswerke versorgt, und für diesen hauptsächlichsten Teil der Stromversorgung Essens vermag Mulertt weder die aus dem Aktienbesitz, noch die aus den von den R. W. E. geleisteten Abgaben für die Stadt fließenden Einnahmen anzugeben. Für ihn ist, ebenso wie in Frankfurt, der Fall Essen damit erledigt, daß die Stadt ein eigenes kleines Werk besitzt; das ist völlig ausreichend dafür, sie in der Rubrik ,,in Eigenverwaltung" aufzuführen. Die Beispiele könnten fortgeführt werden, sie mögen aber als besonders typisch genügen, um den Wert der ,,im amtlichen Auftrage" durchgeführten Untersuchung zu kennzeichnen. Es kann nur noch hinzugefügt werden, daß die soeben gemachten Feststellungen keineswegs besonders schwierig sind; ein Blick in die Statistiken der Berufsverbände und in die Geschäftsberichte der in Frage kommenden Betriebsgesellschaften hätte Herrn Mulertt die notwendigsten Kenntnisse vermitteln können.

Wenn nach dem soeben Gesagten schon die Feststellung der in Eigenverwaltung befindlichen Werke durchaus anfechtbar ist, so trifft das in noch weit höherem Maße bei den von Mulertt als ,,vergesellschaftet" angegebenen Betrieben zu. Das typische Merkmal der ,,Vergesellschaftung" besteht für Mulertt darin, daß im Gegensatz zu der ,,Eigenverwaltung", bei der die ,,Gemeinden völlig selbständig sind und alle Einnahmen der Werke in den Gemeindesäckel fließen", die Gemeinden bei ,,der Form der Gesellschaft nur noch einen beschränkten Einfluß besitzen". Offenbar sollen mit dieser Definition der vergesellschafteten Betriebe diejenigen gekennzeichnet werden, die als gemischt-wirtschaftliche Unternehmungen unter Beteiligung der Privatwirtschaft geführt werden, denn es ist schlechterdings nicht einzusehen, wodurch der Einfluß der Gemeinden auf Betriebsgesellschaften beschränkt werden könnte, deren Aktien oder Anteile sich ausschließlich im Gemeindebesitz befinden, die also rein kommunal sind, und die sich von der kameralistischen Verwaltungsform lediglich durch das privatwirtschaftliche Kleid unterscheiden. Herr Mulertt irrt ganz gewaltig, wenn er glaubt, daß allein die äußere Form des Regiebetriebes den Einfluß der kommunalen Körperschaften beschränkt. Wenn eine solche privatwirtschaftliche Form überhaupt einen Vorteil bringen kann — was bisher nicht nachgewiesen ist —, so ist es nur der, daß die Verwaltung von der Zwangsjacke des allgemeinen Haushaltes befreit und ihr die Möglichkeit einer freieren und leichteren Geschäftsführung gegeben wird. Damit aber ist noch längst nicht der Einfluß der kommunalen Körperschaften und insbesondere nicht der häufig so verhängnisvolle politische Einfluß der Parteien beschränkt oder gar ausgeschaltet, denn an Stelle der bei den reinen Regiebetrieben üblichen Deputationen treten Aufsichtsräte, deren Mitglieder Angehörige der Magistrate und Stadtverordnetenversammlungen sind, die lediglich nach politischen Gesichtspunkten delegiert werden. Daß dieser Nachteil auch bei kommunal-vergesellschafteten Betrieben besteht, ist wiederholt nachgewiesen und wird auch von den Anhängern dieser Unternehmungsform zugegeben und beklagt[1]. Es ist also durchaus falsch, wenn man diese nach politischen Richtlinien zusammengesetzten Aufsichtsorgane etwa mit dem Aufsichtsrat einer Privatgesellschaft oder einer gemischt-wirtschaftlichen Unternehmung identifiziert. Das wesentliche Unterscheidungsmerkmal zwischen beiden besteht darin, daß sich bei diesen die Verhandlungen auf rein wirtschaftliche und technische Fragen innerhalb eines Gremiums von Fachleuten, also von Technikern, Finanzmännern und Kaufleuten zum Besten des Betriebes beschränken, während bei jenen stets die Gefahr vorliegt, daß ihre Sitzungen und Beratungen zum Schaden der Werke, zum Tummelplatz politischer Auseinandersetzungen werden. Dieses typische Kennzeichen ist von solcher Bedeutung, daß jede Untersuchung der verschiedenen Unternehmungsformen zur Wertlosigkeit verurteilt ist, die ihm nicht Rechnung trägt, und das trifft in hohem Maße auf die Mulerttsche Untersuchung zu. Wie bereits erwähnt, benutzt Mulertt 19 vergesellschaftete Gaswerke und 31 Elektrizitätswerke der gleichen Unternehmungsform, und es muß fest-

---

[1] Vgl. Ludewig: Die Regiebetriebe der Gemeinden, S. 32ff. Berlin: Julius Springer 1927.

gestellt werden, daß von den Gaswerken 11 = 58 vH, von den Elektrizitätswerken 15 = 48 vH kommunal-vergesellschaftet sind, d. h., daß sie sich im ausschließlichen Besitz der Gemeinden befinden und unter dem unbeschränkten, insbesondere unter dem unbeschränkten und unheilvollen politischen Einfluß der gemeindlichen Körperschaften stehen. Diese 11 bzw. 15 Werke hätten also sinn- und sachgemäß in der Kategorie „in Eigenverwaltung befindliche Werke" Aufnahme zu finden, zum mindesten aber hätten sie getrennt von den unter Beteiligung der Privatwirtschaft betriebenen gemischt-wirtschaftlichen Unternehmungen behandelt werden müssen. Das hätte insbesondere auch für die Stadt Deutsch-Krone zu geschehen, von der gesagt wird, daß es „immerhin auffallend ist, daß der einzige angeführte vergesellschaftete Betrieb (in Deutsch-Krone) auf seinem Gebiet den höchsten Tarif hat". Wenn Mulertt aus dieser Feststellung einen Beweis für die Überlegenheit des in Eigenverwaltung befindlichen Betriebes über die gemischt-wirtschaftliche Unternehmung herleitet, so ist ihm dabei das beklagenswerte und bedauerliche Versehen unterlaufen, daß er die Werke in Deutsch-Krone für ein gemischt-wirtschaftliches Unternehmen hält, während es sich in Wirklichkeit um einen rein kommunalen Betrieb handelt, der sich von dem kameralistisch verwalteten Regiebetrieb nur durch die äußere Form der G. m. b. H. unterscheidet, der im übrigen aber dem unbeschränkten Einfluß der städtischen Körperschaften untersteht.

Auch bei den verpachteten Werken hält es Mulertt durchaus nicht für erforderlich, anzugeben, ob das Unternehmen an die öffentliche Hand oder an die Privatwirtschaft verpachtet ist, und infolgedessen sind auch seine hinsichtlich der Pachtwerke getroffenen Feststellungen wertlos. Mulertt geht sogar so weit, daß er unter „verpachtete Werke" auch solche aufführt, die eigene Rohr- und Leitungsnetze besitzen und die die Energie in eigener Regie vertreiben, die aber diese Energie nicht selbst erzeugen, sondern von dritter Seite beziehen. Diese Werke gehören selbstverständlich ebenfalls in die Kategorie der „in Eigenverwaltung befindlichen Betriebe", denn ausschlaggebend für die Beurteilung der verschiedenen Unternehmungsformen ist nicht so sehr die Erzeugung der Energie als vielmehr ihr Verkauf. Ein weiterer Fehler liegt darin, daß unter „verpachtete Betriebe" bei den Gaswerken in 5 von 7 Fällen, bei den Elektrizitätswerken in 13 von 24 Fällen solche Werke aufgeführt werden, die ohne einen Pfennig öffentlichen Kapitals von den privaten Unternehmern errichtet sind und betrieben werden, die also reine Konzessionswerke sind. Die Mulerttsche Aufstellung muß also hinsichtlich der Pachtwerke dahin berichtigt werden, daß von den festgestellten 7 Gaswerken 5 reine Konzessionswerke sind, während das für die als verpachtet angegebenen 24 Elektrizitätswerke bei 13 Werken zutrifft. Weitere 3 Elektrizitätswerke scheiden als verpachtet aus, weil sie im Besitz eigener Energieverteilungsanlagen sind und die von dritter Seite bezogene Energie in eigener Regie vertreiben. Es verbleiben demnach für die Beurteilung der verpachteten Gaswerke nur noch 2, für die der verpachteten Elektrizitätswerke noch 8 Unternehmungen, wobei noch zu berücksichtigen ist, daß ein Teil der letztgenannten Werke nicht an Private, sondern von Kommunen an andere Kommunen verpachtet ist.

Wenn schon die soeben besprochenen zahlreichen Mängel und Fehler der Mulerttschen Arbeit jeden Wert nehmen, so werden sie doch völlig in den Schatten gestellt durch die Methode, die der Verfasser seiner Untersuchung zugrunde legt. Grundsätzliche Bedenken sind zuerst gegen die Art der Einteilung der einzelnen Gemeinden geltend zu machen, die Mulertt nach politischen Grenzen kleinsten Ausmaßes, nämlich nach Regierungsbezirken in dem Glauben vornimmt, dadurch eine einwandfreie Vergleichsbasis zu schaffen. Abgesehen davon, daß zum mindesten die Elektrizitätsversorgung die politischen Grenzen längst durchbrochen hat und in der Hauptsache als interkommunal anzusprechen ist, kann doch wohl kaum ein Vergleich irgendwelchen Wert besitzen, der sich auf Werke ganz verschiedener Größe erstreckt, die zwar zufällig in dem gleichen Regierungsbezirk liegen, die aber schon ihrer Unterschiede in den Leistungsverhältnissen wegen gänzlich verschiedene Erzeugungskosten aufweisen, die selbstverständlich in den Tarifen zum Ausdruck kommen. Eine Beurteilung der Werktarife ist nur dann durchführbar, wenn die Gemeinden, ohne Rücksicht auf ihre Zugehörigkeit zu einzelnen Verwaltungsbezirken, nach Größenklassen geordnet werden, oder wenn als Vergleichsmaßstab die Höhe der Erzeugung oder des Verbrauchs der verschiedenen Energiearten dient, und wenn dieser Verbrauch in Beziehung zu den Werkgebühren gesetzt wird.

Jedes wissenschaftlichen und praktischen Wertes entbehrt ferner die von Mulertt in einer besonderen Tabelle vorgenommene Feststellung der Gemeinden „mit den höchsten und niedrigsten Zählertarifen" für Gas, Wasser und Elektrizität. Was die Preise für Wasser angeht, ist es überhaupt müßig, darüber Untersuchungen anzustellen, denn es ist jedem Ingenieur bekannt, daß die Gestehungskosten ganz außerordentlich verschieden sind, je nachdem es sich um Oberflächen- oder Grundwasser handelt, in welcher Tiefe sich das Grundwasser befindet, ob eine Reinigung des Rohwassers notwendig ist oder nicht, in welcher Entfernung vom Versorgungsgebiet das Wasservorkommen liegt, wie die geologischen und topographischen Verhältnisse gestaltet sind usw. Es fehlt also jede Vergleichsmöglichkeit. Die Feststellung der Gas- und Elektrizitätspreise aber hätte offenbar nur dann einen Wert, wenn festgestellt würde, bei welcher Unternehmungsform der durchschnittlich niedrigste Preis liegt und wieviel Einwohner zu den für die beiden Unternehmungsformen — kommunal und privat bzw. gemischt-wirtschaftlich — gültigen Durchschnittspreisen versorgt werden, denn es ist beispielsweise für die Kraftversorgung Deutschlands von untergeordneter Bedeutung, wenn in Deutsch-Krone, einer Stadt von 10500 Einwohnern, ein Kraftstrompreis von 40 Pf. erhoben wird. Wenn aber Mulertt dieser Tatsache eine so große Bedeutung beilegt, daß er sie unter besonderem Hinweis auf die „Vergesellschaftung" dieses Betriebes — wobei ihm das oben bereits erwähnte Versehen unterläuft — besonders hervorheben zu müssen glaubte, so hätte er gerechterweise auch für die Stadt Höhscheid, in der nach seiner Feststellung der niedrigste Kraftstrompreis von 15,8 Pf. besteht, ein Wort übrig haben und darauf hinweisen müssen, daß die Elektrizitätsversorgung dieser Gemeinde von dem in gemischt-wirtschaftlicher Form betriebenen R. W. E. erfolgt, und daß zu diesem niedrigsten Strompreis in Preußen mehr als 3 Mill. Einwohner des Versorgungsgebietes des R. W. E. versorgt werden. Wäre außerdem noch der höchste (Prenzlau) und niedrigste (Sprottau) Lichtstrompreis einer Kritik unterzogen worden, so hätte bezüglich der Elektrizitätswerke das Ergebnis nicht zu der oben angeführten Feststellung geführt, daß es „auffallend" ist, daß der

Die Werktarife der preußischen Gemeinden. 41

„vergesellschaftete" Betrieb Deutsch-Krone den höchsten Tarif besitzt; es hätte vielmehr gerade umgekehrt lauten müssen, nämlich so, daß es immerhin auffallend ist, daß den höchsten Lichtstrompreis ein rein kommunales Werk (Prenzlau), den niedrigsten Lichtstrompreis dagegen eine solche Gemeinde besitzt (Sprottau), die den Strom von einem gemischt-wirtschaftlichen Unternehmen bezieht, und daß es weiter höchst auffallend ist, daß der höchste Kraftstrompreis bei einem kommunalen Werk (Deutsch-Krone) in Kraft ist, obwohl dieses Werk in der privatwirtschaftlichen Form einer G. m. b. H. betrieben wird, während den niedrigsten Kraftstrompreis die Gemeinde Höhscheid aufweist, deren Stromversorgung auf gemischt-wirtschaftlicher Basis erfolgt.

Berechtigtes Erstaunen aber muß die Methode auslösen, die Mulertt für die Errechnung der durchschnittlich auf den Kopf der Bevölkerung entfallenden Überschüsse bei den einzelnen Unternehmungsformen angewendet hat. Er hat es nämlich für richtig befunden, die für die einzelnen Werke auf den Kopf des Einwohners bezogenen Überschüsse zu addieren und durch die Zahl der berichtenden Werke zu dividieren, während selbstverständlich nur dann die bei den einzelnen Unternehmungsformen auf den Kopf der Bevölkerung entfallende tatsächliche Überschußzahl feststellbar ist, wenn die gesamten, von jeder einzelnen Unternehmungsform erzielten Überschüsse durch die gesamte Einwohnerzahl dividiert wird. Zu welchen gefährlichen Trugschlüssen die Mulerttsche Methode führen kann, mag folgendes Beispiel zeigen: Angenommen, eine Stadt von 400000 Einwohnern habe aus dem Elektrizitätswerk 800 000 RM. = 2 RM. pro Kopf und eine andere von 10000 Einwohnern 100000 RM. = 10 RM. pro Kopf erhalten, dann würde Mulertt einen Durchschnitt von 10 plus 2 dividiert durch 2 = 6 RM. errechnen, während in Wirklichkeit der Durchschnitt 2,20 RM. je Einwohner beträgt. Nimmt man umgekehrt an, daß eine Stadt von 10000 Einwohnern 20000 RM. = 2 RM. je Kopf und eine andere von 400000 Einwohnern 4 Mill. RM. = 10 RM. je Kopf an Überschüssen erzielt, so ergibt sich nach der Methode Mulertt für die gleiche Anzahl von Einwohnern wiederum ein Durchschnitt von 6 RM., der in Wirklichkeit etwas unter 10 RM. liegt.

Die von Mulertt in seiner Arbeit gebrachte „Übersicht über die Betriebsform und die Überschüsse pro Kopf der Bevölkerung" ist also falsch, und infolgedessen sind auch die auf dieser Übersicht beruhenden Folgerungen und Ableitungen unrichtig und irreführend. Rechnet man nur beispielsweise bei den als vergesellschaftet und verpachtet angegebenen Elektrizitätswerken die von Mulertt in der Tarifzusammenstellung aufgeführten Einwohner- und Überschußzahlen zusammen, so ergeben sich für die angeblich vergesellschafteten Werke 1806245 Einwohner, auf die sich ein Überschuß von 6816942 RM. verteilt, für die Pachtwerke 540965 Einwohner bei einem Überschuß von 1002886 RM. Die erstgenannten haben somit 3,77 RM., die letzteren 1,85 RM. je Kopf der Bevölkerung erbracht, während die entsprechenden Zahlen von Mulertt mit 2,48 bzw. mit 1,45 RM., also mit 32 bzw. 28 vH zuungunsten der vergesellschafteten bzw. verpachteten Werke angegeben werden. Es ist dabei zu berücksichtigen, daß die soeben nach der einzig und allein einwandfreien Methode errechneten Zahlen lediglich als Maßstab für die Bewertung der Mulerttschen Arbeitsweise zu gelten haben. Da sie auf den von Mulertt ausgewiesenen Überschußzahlen beruhen, die, wie oben nachgewiesen wurde, anfechtbar sind, und da weiter sämtliche von Mulertt als vergesellschaftet bzw. verpachtet angegebenen Betriebe ohne Rücksicht darauf herangezogen wurden, ob es sich um kommunal-vergesellschaftete Werke oder um gemischtwirtschaftliche Unternehmungen handelt, so besitzen die errechneten Zahlen nur einen hypothetischen Wert.

Über den von Mulertt zum Schlusse seiner Arbeit vorgenommenen Vergleich der Werktarife mit den in den behandelten Gemeinden erhobenen Realsteuerzuschlägen braucht nicht ausführlich gesprochen zu werden. Es genügt, darauf hinzuweisen, daß dieser Vergleich zu dem Ergebnis führt, ,,daß im großen und ganzen die Festsetzung der Steuerzuschläge ohne Rücksicht auf die Höhe der Werktarife erfolgt ist". Bemerkenswert ist diese Untersuchung nur insofern, als sie die Arbeitsweise des Verfassers auf statistischem Gebiet in eigenartiger Weise beleuchtet. Wenn man zu Ergebnissen kommt, die ausnahmslos ein ,,non liquet" bedeuten, so tut man als Statistiker gut daran, diese Ergebnisse still in seinen Papierkorb zu legen, anstatt mit diesem völlig wertlosen Material 6 Quartseiten einer ernsthaften Zeitschrift zu füllen.

Mit den soeben behandelten Untersuchungsmethoden hat Mulertt seiner Arbeit jeden Anspruch auf Wissenschaftlichkeit genommen, und es bliebe nur noch die Frage aufzuwerfen, wie es möglich war, daß eine nicht nur zahlenmäßig überaus stark anfechtbare Arbeit, sondern auch eine solche, die gegen die fundamentalsten Grundsätze der Statistik verstößt, von einer statistischen Behörde, wie dem Preußischen Statistischen Landesamt, veröffentlicht werden konnte, und zwar in einem amtlichen Organ, aus dem sie den Weg in die breiteste Öffentlichkeit antreten und hier nicht nur zum Schaden der privaten, sondern vielmehr noch zum Schaden der kommunalen Wirtschaft eine erhebliche Verwirrung anstiften konnte.

Anhang.

Verzeichnis der für die Preisuntersuchung benutzten Elektrizitätswerke

A. Kommunal B. Privat

1. mit einem Versorgungsgebiet von über 500000 Einwohnern:

El.-Verband, Bremen.
St. EW. Breslau.
Ver. EW. Westfalen, Dortmund.
A.-G. Sächsische Werke, Dresden.
St. EW. Dresden.
St. EW. Köln.
St. EW. Leipzig.
St. EW. München.

Rheinisch - Westfälisches EW., Essen.
Landeselektrizität Halle.
Hamburger EW. A.-G., Hamburg.

2. mit einem Versorgungsgebiet von 200001—500000 Einwohnern:

St. EW. Barmen.
St. EW. Bochum.
St. EW. Bremen.
St. EW. Chemnitz.
St. EW. Duisburg.
St. EW. Düsseldorf.
St. EW. Frankfurt a. M.
Kom. EW. Mark, Hagen.
EW. Wesertal G. m. b. H., Hameln.
Bad. Landes-El.-Versorgung, Karlsruhe.
Königsberger Werke G. m. b. H.
St. EW. Magdeburg.
St. EW. Mannheim.
St. EW. Nürnberg.
St. EW. Stuttgart.
St. EW. Trier.

Lech-EW. A.-G., Augsburg.
EW. Südwest, Berlin-Wilmersdorf.
EW. Schlesien A.-G., Breslau.
Hessische Eisenbahn A.-G., Darmstadt.
Bergische El.-Versorgung G.m.b.H., Elberfeld.
Neckarwerke A.-G., Eßlingen.
Oberschles. EW., Gleiwitz.
Thür. El.-Lief.-Ges., Gotha.
ÜW. u. Straßenbahn, Hannover.
Koblenzer Straßenbahn-Ges.
Pfalzwerke, Ludwigshafen.
Fränk. ÜW. A.-G., Nürnberg.
Energie A.-G. Leipzig, Ötzsch-Markkleeberg.
Oberpfalzwerke A.-G., Regensburg.
Sächs. El.-Lief.-Ges., Siegmar.
Stettiner E.W A.-G.
EW. Rheinhessen A.-G., Worms.

Anhang. 45

3. mit einem Versorgungsgebiet von 100001—200000 Einwohnern:

A. Kommunal

St. EW. Aachen.
EW. Unterelbe A.-G., Altona.
St. EW. Augsburg.
St. EW. Bautzen.
St. EW. Bielefeld.
ÜZ. Südharz, Bleicherode.
ÜW. Braunschweig.
St. EW. Erfurt.
St. EW. Freiburg i. Br.
ÜW. Oberhessen, Friedberg i. H.
ÜW. Fulda-Hünfeld-Schlüchtern.
St. Betriebsw. München-Gladbach.

B. Privat

Rhein. El.- u. Kleinbahnen-A.-G., Aachen.
Kraftw. Sachsen-Thüringen, Auma.
ÜW. Oberfranken, Bamberg.
Bayr. El.-Lief.-Ges., Bayreuth.
Rhein. Licht- u. Kraftw. Brand bei Aachen.
EW. u. Straßenbahn-A.-G. Braunschweig.
Kraftw. G. m. b. H. Flensburg.
Kraftw. Thüringen, Gispersleben.
ÜZ. Helmstedt A.-G.
Jenaer EW. AG., Jena.
Landkraftw. Leipzig A.-G., Kulkwitz.
EW. A.-G. Liegnitz.
Kraftw. Altwürttemberg, Ludwigsburg.
ÜZ. Birnbaum-Meseritz-Schwerin e. G. m. b. H.
Amperwerke El.-A.-G., München.
Isarwerke G. m. b. H., München.
Oberbayr. ÜZ. A.-G., München.
Ostbayr. Stromversorgung A.-G., München.
Schlesw.-Holst. El.-Versorgung G. m. b. H., Rendsburg.
Niederrhein. Licht- u. Kraftw. A.-G., Rheydt.
St. EW. u. ÜZ. Rostock.
Kom. El.-Lief.-Ges. A.-G. Sagan.
EW. Obererzgebirge, Schwarzenberg.

4. mit einem Versorgungsgebiet von 50001—100000 Einwohnern:

St. EW. Bamberg.
Kreisw. Bergheim a. Erft.
St. EW. Bonn.
St. EW. Bottrop.
ÜZ. des Kreises Braunsberg.
El.-Verb. Büren-Brilon.
Verb. EW. Corbach.
St. EW. Cottbus.
Kreis-El.-Amt Düren.
EW. der Stadt Essen.

EW. Achern.
EW. Rauschermühle A.-G., Andernach.
Licht- u. Kraftw. der Moselkreise, Bernkastel-Cues.
EW. Bitterfeld.
EW. Brandenburg A.-G.
Niederlausitzer ÜZ., Calau.
ÜW. A.-G. Coburg.
EW. A.-G. Crottorf.

A. Kommunal

St. Betriebsamt Fürth.
Wasser- u. EW. des Kreises Schwelm, Gevelsberg.
St. EW. Gießen.
St. EW. Glogau.
St. EW. Görlitz.
St. EW. Hamm.
St. EW. Harburg.
St. EW. Heidelberg.
St. EW. Herne.
St. EW. Hildesheim.
Provinzial-EW. Niederschlesien, Hirschberg.
St. EW. Neumünster.
St. EW. Oberhausen.
Gem. Verb. Hohenlohe-Öhringen.
St. EW. Pforzheim.
Lauenburger Landeskraftw. A.-G., Ratzeburg.
EW. A.-G. Recklinghausen.
St. Betriebsamt Regensburg.
St. EW. Remscheid.
Kreis-ÜZ. Rosenberg i. Westpr.
St. EW. Solingen.
Gem.-Verb. EW. Teinach-Station.
Gem.-Verb. ÜW. Tuttlingen.
St. EW. Ulm.
St. Betriebsw. Wesermünde.

B. Privat

EW. Dessau.
EW. Linden b. Hannover.
ÜW. Glatten G. m. b. H., Freudenstadt.
Geraer EW. u. Straßenbahn, Gera.
El. Kraftübertragung Herrenberg e. G. m. b. H.
Frankfurter Lokalbahn A.-G., Bad Homburg.
Oberstein-Idarer El.-A.-G., Idar.
EW. Kleinkotz b. Günzburg a. D.
Unterfränkische ÜZ. Lülsfeld.
Kraftw. Rheinau A.-G., Mannheim.
El. Kleinbahn u. Mansfelder Bergrevier, Mansfeld.
Westpr. ÜW. G. m. b. H., Marienwerder.
El. ÜZ. G. m. b. H., Mühlhausen i. Thür.
Kraftversorgung Rhein-Wied A.-G., Neuwied.
Saale-EW. G. m. b. H., Saalfeld.
Licht- u. Kraftw. Südthüringen G. m. b. H., Sonneberg.
Mittelschles. El.-Versorgung, Striegau.
EW. u. Straßenbahn-A.-G. Tilsit.
Licht- u. Kraftversorgung Wiesloch.

5. mit einem Versorgungsgebiet von 20001—50000 Einwohnern:

Gem.-Verb. ÜW. Aistaig.
St. Betriebsw. G.m.b.H. Allenstein.
St. EW. Annaberg.
St. EW. Ansbach.
St. EW. Arnstadt.
St. EW. Aschaffenburg.
St. EW. Aschersleben.
St. EW. Baden-Baden.
St. EW. Bayreuth.
Kom. ÜW. Wittgenstein, Berleburg.
El.-Amt des Kreises Bitburg.
St. EW. Bremerhaven.
St. EW. Brieg.
St. EW. Burg b. Magdeburg.
EW. u. Allerzentralen, Celle.
ÜZ. des Landkreises Celle.

Altenburger Landkraftw. A.-G., Altenburg.
Stromversorgung Altenburg A.-G.
ÜZ. Mansfelder Seekreis A.-G., Arnsdorf.
Thür. El.- u. Gasw. A.-G. Apolda.
Beßwitzer El.-Genossenschaft, Bartin.
EW. A.-G. Bernburg.
EW. Bestwig, G. m. b. H.
Rhein-Bahn-Ges. Düsseldorf.
EW. Eisenach.
Rheingau-EW., Eltville a. Rh.
Gas- u. EW. Emden.
Westdeutsche Licht- u. Kraftw. Erkelenz.

Anhang.

A. Kommunal

St. EW. Coburg.
EW. Elbtal, Cossebaude.
St. EW. Cöthen.
St. EW. Datteln.
St. EW. Delmenhorst.
El.-Verb. Coschütz, Dresden-Coschütz.
St. EW. Düren.
St. EW. Eberswalde.
Kreis-El.-Amt Eisfeld i. Thür.
Landkreis-El.-Versorgung Elbing.
St. Betriebsw. Elmshorn.
Gem.-Verb. EW. Enzberg.
Techn. Werke Erlangen.
ÜW. des Kreises Fallingbostel.
St. EW. Forst i. Lausitz.
St. EW. Frankenberg i. Sa.
St. EW. Eschwege.
ÜW. Jericho 2 G.m.b.H., Genthin.
St. Betriebsw. Schw.-Gmünd.
St. EW. Bad Godesberg.
St. EW. Göttingen.
St. EW. Greiz.
St. ÜW. Gronau.
St. EW. Gütersloh.
St. EW. Hanau.
St. EW. Hof i. B.
Kreis-El.-Amt Höxter.
St. El.-Amt Ingolstadt.
St. Betriebe Insterburg.
St. EW. Iserlohn.
St. EW. Itzehoe.
St. EW. Kempten.
St. EW. Klingenberg.
St. EW. Kolberg.
St. EW. Konstanz.
EW. Niederlößnitz, Kötzschenbroda.
St. EW. Landshut i. B.
St. EW. Löbau.
ÜZ. Lüchow-Dannenberg.
St. Betriebsw. Luckenwalde.
St. EW. Lüdenscheid.
Kreis-ÜW. Lüneburg.
St. EW. Lüneburg.
St. EW. Marburg.
St. W. Marienburg G. m. b. H.
St. EW. Meerane.

B. Privat

ÜZ. Grenzmark A.-G., Flatow.
EW. Fürstenwalde.
Alb-EW. Gaislingen-Steig,
  e. G. m. b. H.
Nordharzer Kraftw. G. m. b. H.,
  Goslar.
ÜW. Mainz, Gr.-Gerau.
EW. Heilbronn a. N.
Revier-EW. Freiburg, Himmelfürst.
EW. Landsberg a. W.
ÜZ. Lottin e. G. m. b. H.
Braunkohlen- u. Brikett-A.-G.,
  Mückenberg.
El. Versorgung Ilfeld-Blankenburg,
  Nordhausen.
Licht- u. Kraftw. Harz G. m. b. H.,
  Osterode a. H.
Passauer Industriewerke A.-G.
ÜZ. Probstzella.
ÜW. Pulsnitz A.-G.
EW. G. m. b. H. Reutlingen.
Kraftübertragungsw. Rheinfelden.
EW. Betriebs-A.-G. Riesa.
ÜZ. Schojor e. G. m. b. H., Ritzow.
EW. Schäftersheim.
Licht-, Kraft- u. Wasserw. G.m.b.H.,
  Schneidemühl.
ÜZ. Schnellingen.
EW. Schweidnitz.
Staßfurter Licht- u. Kraftw. A.-G.
Altmärkische Gas-, Wasser- u. EW.
  G. m. b. H., Stendal.
Licht- u. Kraftw. Eschweiler
  G. m. b. H.
EW. u. Straßenbahn-A.-G. Stralsund.
El.-Ges. G. m. b. H., Triberg.
EW. der Argen, Wangen.
El.-Versorgung Wanne-Eickel
  G. m. b. H.
Lausitzer EW. G. m. b. H., Weißwasser.

48 Anhang.

A. Kommunal

St. EW. Merseburg.
St. EW. Mittweida.
St. EW. u. Straßenbahn Mühlhausen i. Thür.
St. Betriebsw. Neiße.
St. Betriebsw. Neuß.
St. EW. Neustadt a. d. Hardt.
St. EW. Neuwied.
Kreis-El.-Amt Northeim-Einbeck.
St. EW. Oppeln.
Kreis-El.-Amt Perleberg.
St. EW. Pirmasens.
St. EW. Quedlinburg.
St. EW. Ratibor.
St. Betriebsw. Rendsburg.
Kreis-El.-Amt Schleiden.
St. EW. Schweinsfurt.
St. EW. Schwerin.
ÜW. des Kreises Bad Segeberg.
St. EW. Soest.
St. El.-Versorgung Speyer.
St. EW. Stargard i. Pom.
St. W. A.-G. Stolp.
St. Betriebe Straubing.
St. EW. Tübingen.
St. EW. Viersen.
St. Betriebsamt Wandsbeck.
St. EW. Weimar.
St. EW. Weißenfels.
St. EW. Wilhelmsburg.
St. EW. Wismar.
St. EW. Witten a. d. Ruhr.
St. EW. Zeitz.

B. Privat

6. mit einem Versorgungsgebiet von 10001—20000 Einwohnern:

Betriebsw. der Gem. Bensberg.
St. EW. Bernau b. Berlin.
St. EW. Blankenburg a. H.
EW. Blankenese.
Techn. Amt Bruchsal.
St. EW. Brühl, Bez. Köln.
St. EW. Forchheim.
ÜW. Fürstenfeldbruck.
St. Licht- u. Wasserw. Ilmenau.
St. Betriebsw. Kreuzburg i. Oberschl.
St. EW. Landau.

Merseburger Überlandbahnen A.-G., Ammendorf.
EW. Claustal.
EW. Freising i. Oberb.
EW. Hammer b. Nürnberg.
ÜW. Ingelfingen-Hohebach G. m. b. H.
ÜW. A.-G. Krumbach.
ÜZ. Laufen a. Salzach.
Allg. El.-G. m. b. H. Lindenberg i. Allgäu.

Anhang. 49

A. Kommunal
St. EW. Leer.
St. EW. Limburg a. d. Lahn.
St. EW. Lindau.
St. EW. Lotzen.
Gem.-E.W Mengede.
St. EW. Neuhaldensleben.
St. Betriebsverwaltung Neusalz.
St. Betriebsverwaltung Neustadt i. Oberschles.
St. Betriebsw. Neustrelitz.
St. Betriebsamt Nienburg a. d. Weser
St. EW. Oschatz.
St. EW. Parchim.
St. El.-Versorgung Rastatt.
St. Betriebsw. G. m. b. H., Reichenbach i. Schles.
St. EW. Rosenheim.
Kreis-El.-Amt St. Goar.
St. Betriebsw. Schleswig.
St. Betriebsw. Schwemmingen.
St. EW. Sebnitz.
St. EW. Selb.
St. EW. Siegburg.
St. EW. Stade.
Gem.-EW. Stellingen-Langenfelde.
St. EW. Tuttlingen.
St. ÜW. Ülzen.
Stadtw. Verden a. d. Aller.
St. EW. Weida i. Thür.
St. EW. Wetzlar.
El.-Verb. Wittingen i. Hann.
St. EW. Wolfenbüttel.
St. EW. Wunsiedel.
St. EW. Rastenburg.
St. EW. Braunsberg.
St. EW. Osterode i. Ostpr.
St. W. G. m. b. H. Lyk.
St. EW. Cüstrin.
St. EW. Sorau.
St. EW. Fürstenwalde.
St. EW. Sommerfeld.
St. EW. Arnswalde.

B. Privat
Neuroder Kohlen- u. Tonw., Neuwied.
Gas- u. EW. Olbernhau.
Westharzer Kraftw. G. m. b. H., Osterode a. H.
EW. Schiffbeck.
EW. Singen-Hohentwiel.
Allgäuer Kraftw. G. m. b. H., Sonthofen.
Kraftanlagen A.-G. Spremberg.
Stettiner Hafen-EW.
EW. Swinemünde.
EW. Gollnow.
EW. Langenbielau.

7. mit einem Versorgungsgebiet bis 10000 Einwohner:

St. EW. Beelitz.
St. EW. Burgdorf.
St. EW. Burghausen b. Salzach.

EW. Aken a. d. E.
EW. Bentheim.
EW. Berchtesgaden.

Ludewig, Lieferpreise.

A. Kommunal

St. EW. Corbach.
St. EW. Dippoldiswalde.
Staatl. EW. Bad Dürrheim.
St. EW. Elsterberg.
St. EW. Ettlingen.
St. EW. Flatow.
St. Betriebsamt Hartha.
St. EW. Haslach.
St. EW. Heiligenhafen.
St. EW. Immenstadt.
St. EW. Bad Kissingen.
St. EW. Lauenburg a. d. E.
Gem.-EW. Lockstedt.
St. EW. Mengen.
St. EW. Naumburg a. Qu.
St. EW. Öbisfelde.
St. EW. Bad Oldesloe.
St. EW. Ostrau i. Sa.
St. EW. Prüm.
St. EW. Ratzeburg.
St. EW. Reinbeck.
St. EW. Säckingen.
Gem.-EW. Saßnitz.
St. EW. Schkeuditz.
St. EW. Schleusingen.
St. EW. Schorndorf.
St. EW. Vegesack.
Gem.-EW. Velten.
St. EW. Vilshofen.
St. EW. Volkach.
St. EW. Waiblingen.
St. EW. Warendorf.
St. EW. Weingarten.

B. Privat

EW. Bergen a. Rügen.
EW. Brambach.
EW. Brannenburg.
EW. Brotterode i. Thür.
EW. Dahlenburg e. G. m. b. H.
EW. Dahme i. M.
EW. Eggenfelden.
EW. G. m. b. H. Eiserfeld.
EW. Bad Elster.
EW. Günzburg a. D.
Hirschberger Talbahn, Herischdorf i. Riesengeb.
EW. Königsbrück.
EW. Mitterteich.
EW. Neuburg a. D.
Oderbrucher EW. G. m. b. H., Neu-Trebbin.
EW. Niedermarsberg G. m. b. H.
EW. Nörten.
EW. Oberaudorf.
EW. Ochsenfurt.
EW. Partnach, Partenkirchen.
ÜW. Rottalmünster.
EW. Siegmaringen.
EW. Staffelstein.
EW. Starnberg.
EW. Tauberbischofsheim.
EW. Tittmoning.
EW. Trebbin.
EW. Welda.
EW. Zell.
EW. Zossen.

Springer-Verlag Berlin Heidelberg GmbH

Grenzen der kommunalen Selbstverwaltung in Preußen. Ein Beitrag zur Lehre vom Verhältnis der Gemeinden zu Staat und Reich. Von Dr. jur. **Hans Peters,** Regierungsassessor, Privatdozent in Breslau. X, 272 Seiten. 1926. RM 12.—

Zentralisation und Dezentralisation. Zugleich ein Beitrag zur Kommunalpolitik im Rahmen der Staats- und Verwaltungslehre von Dr. jur. **Hans Peters,** Privatdozent an der Universität Breslau. IV, 93 Seiten. 1928. RM 2.80

Handbuch der Verfassung und Verwaltung in Preußen und dem Deutschen Reiche. Von Graf **Hue de Grais †,** Wirkl. Geh. Oberregierungsrat, Regierungspräsident a. D. Vierundzwanzigste, veränderte Auflage. Herausgegeben von **Graf Hue de Grais,** Regierungsdirektor in Frankfurt a. d. O., Dr. **Hans Peters,** Privatdozent an der Universität in Breslau, unter Mitwirkung von Dr. **Werner Hoche,** Ministerialrat im Reichsministerium des Innern in Berlin. XVII, 1009 Seiten. 1927.
Gebunden RM 25.—; durchschossen gebunden RM 30.—

Verwaltungsrecht. Von Dr. **Walter Jellinek,** Professor an der Universität Kiel. (Band XXV der „Enzyklopädie der Rechts- und Staatswissenschaft".) XVIII, 549 Seiten. 1928. RM 30.—

Die Ordnung des Wirtschaftslebens. Von Geh. Regierungsrat Prof. Dr. **Werner Sombart.** (Band XXXV der „Enzyklopädie der Rechts- und Staatswissenschaft".) Zweite, verbesserte Auflage. V, 65 Seiten. 1927. RM 3.60

Das neue deutsche Wirtschaftsrecht. Eine systematische Übersicht über die Entwicklung des Privatrechts und der benachbarten Rechtsgebiete seit Ausbruch des Weltkrieges. Von Dr. **Arthur Nussbaum,** Professor an der Universität Berlin. Zweite, völlig umgearbeitete Auflage. VII, 132 Seiten. 1922. RM 3.—

Die Wirtschaftstheorie der Gegenwart in Darstellungen führender Nationalökonomen aller Länder. Herausgegeben von Dr. **Hans Mayer,** Professor an der Universität Wien, in Verbindung mit Dr. **Frank A. Fetter,** Professor an der Princeton-University, Princeton, New-Jersey, und Dr. **Richard Reisch,** Präsident der österreichischen Nationalbank, Professor an der Universität Wien. In vier Bänden.
Band I: **Gesamtbild der Forschung in den einzelnen Ländern.** XII, 280 Seiten. 1927. RM 18.—; gebunden RM 19.50
Band II: **Wert, Preis, Produktion, Geld und Kredit.** In Vorbereitung.
Band III: **Einkommensbildung.** Allgemeine Prinzipien, Lohn, Zins, Grundrente, Unternehmergewinn, Spezialprobleme. V, 341 Seiten. 1928.
RM 26.—; gebunden RM 27.50
Band IV: **Konjunkturen und Krisen, Internationaler Verkehr, Hauptprobleme der Finanzwissenschaft, Ökonomische Theorie des Sozialismus.** IV, 375 Seiten. 1928. RM 32.—; gebunden RM 33.50
(Verlag von Julius Springer, Wien.)

Springer-Verlag Berlin Heidelberg GmbH

Neuere monopolistische Tendenzen in Industrie und Handel. Eine Untersuchung über die Natur und die Ursachen der Armut der Nationen. Von **Gustav Cassel,** Professor der Nationalökonomie an der Universität Stockholm. V, 78 Seiten. 1927. RM 3.90

Kartelle als Produktionsförderer unter besonderer Berücksichtigung der modernen Zusammenschlußtendenzen in der deutschen Maschinenbau-Industrie. Von Dr. **H. Müllensiefen.** 104 Seiten. 1926.
Gebunden RM 5.—

Kapital und Arbeit im industriellen Betrieb. Volkswirtschaftliche Studie von **M. Haller,** Direktor der Siemens & Halske A.-G. und der Siemens-Schuckertwerke G. m. b. H. Zweite Auflage. 20 Seiten. 1926. RM 2.—

Die Gesetzmäßigkeit in der Wirtschaft. Von Dr. **Josef Dobretsberger,** Wien. VIII, 159 Seiten. 1927. RM 6.50
(Verlag von Julius Springer, Wien.)

Selbstverwaltung in Technik und Wirtschaft. Von Professor Dr. **Otto Goebel,** Hannover. IV, 105 Seiten. 1921. RM 2.50

Die wirtschaftliche Konzentration. Von Dr. **Josef Gruntzel,** Hofrat, ord. Professor an der Hochschule für Welthandel in Wien. IV, 78 Seiten. 1928. RM 3.60
(Verlag von Julius Springer, Wien.)

System der Handelspolitik. Von Dr. **Josef Gruntzel,** Hofrat, ord. Professor an der Hochschule für Welthandel in Wien. Dritte, umgearbeitete Auflage. V, 516 Seiten. 1928.
RM 26.—; gebunden RM 28.—
(Verlag von Julius Springer, Wien.)

Grundzüge der technischen Wirtschafts-, Verwaltungs- und Verkehrslehre. Von Oberregierungs- und Baurat Prof. **E. Mattern,** Berlin. Mit 35 Abbildungen im Text. VIII, 350 Seiten. 1925. RM 18.—; gebunden RM 19.50

Soziale und technische Wirtschaftsführung in Amerika. Gemeinschaftsarbeit und sozialer Ausgleich als Grundlage industrieller Höchstleistung. Von Prof. Dr.-Ing. **W. Müller,** Regierungsbaurat a. D. Mit 45 Abbildungen auf Tafeln. VI, 214 Seiten. 1926.
RM 7.20; gebunden RM 8.40

Das Wirtschaftssystem Fords. Eine theoretische Untersuchung. Von Dr.-Ing. Dr. rer. pol. **W. G. Waffenschmidt,** Privatdozent an der Universität Heidelberg. Mit 20 Abbildungen. III, 46 Seiten. 1926. RM 1.80

Additional material from *Die Lieferpreise für elektrische Arbeit bei kommunalen und privaten bzw.gemischt-wirtschaftlichen Unternehmungen*, ISBN 978-3-662-31416-6, is available at http://extras.springer.com

If you have any concerns about our products,
you can contact us on
ProductSafety@springernature.com

In case Publisher is established outside the EU,
the EU authorized representative is:
**Springer Nature Customer Service Center GmbH
Europaplatz 3, 69115 Heidelberg, Germany**

Printed by Libri Plureos GmbH
in Hamburg, Germany